U0320853

# 鸡病 实用诊断技术

王玉田　李　毅　贾亚雄　主编

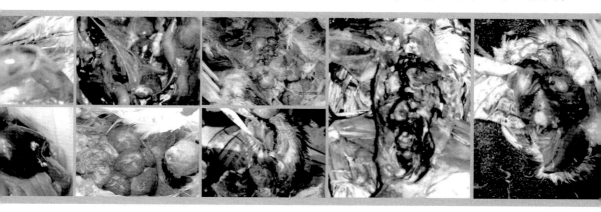

中国农业科学技术出版社

图书在版编目（CIP）数据

　鸡病实用诊断技术 / 王玉田，李　毅，贾亚雄主编 . —北京：
中国农业科学技术出版社，2014.5
　ISBN 978-7-5116-1602-9

　Ⅰ . ①鸡… Ⅱ . ①王… ②李… ③贾… Ⅲ . ①鸡病—诊断
Ⅳ . ① S858.31

　中国版本图书馆 CIP 数据核字（2014）第 066688 号

责任编辑　张孝安
责任校对　贾晓红

出　版　者　中国农业科学技术出版社
　　　　　　北京市中关村南大街 12 号　　邮编：100081
电　　　话　（010）82109708（编辑室）（010）82109704（发行部）
　　　　　　（010）82109703（读者服务部）
传　　　真　（010）82106650
网　　　址　http://www.castp.cn
经　销　者　各地新华书店
印　刷　者　北京富泰印刷有限责任公司
开　　　本　787mm×1 092mm　1 /16
印　　　张　10.25
字　　　数　180 千字
版　　　次　2014 年 5 月第 1 版　2014 年 12 月第 2 次印刷
定　　　价　28.80 元

# 编 委 会

**主　编**

王玉田　北京市畜牧总站
李　毅　密云县动物疫病预防控制中心
贾亚雄　北京市畜牧总站

**主　审**

郑瑞峰　北京市畜牧总站

**副主编**

陈　余　北京市畜牧总站
刘晓东　北京市动物疫病预防与控制中心
王国良　密云县动物疫病预防控制中心

**编　者**

| | | | | |
|---|---|---|---|---|
| 刘　泉 | 徐梓杨 | 张建伟 | 何宏轩 | 武书庚 |
| 马志军 | 韩　磊 | 李志军 | 冯彩霞 | 秦玉诚 |
| 王承明 | 廖柏生 | 郭俊林 | 石英男 | 罗伏兵 |
| 于国际 | 郭卫红 | 徐鹏飞 | 金银姬 | 胡　楠 |
| 郭　峰 | 巴宏宇 | 傅彩霞 | 张　跃 | 高云玲 |
| 吕学泽 | 沈光年 | 冯晓宇 | 刘金霞 | 马海东 |
| 郑海军 | 郭生革 | 王　俊 | 潘卫风 | |

## 前　言

　　鸡病是困扰当前家禽产业发展的关键因素，家禽疾病的控制决定着养殖的成败。疫病控制诊断先行，诊断是疫病控制的基石，是决策防控措施的基础。

　　疫病诊断是一项综合的系统工程，需要综合流行病学、临床观察、病理剖检、实验室检测等因素，推断出疾病的结果，有人为猜想因素，与诊断人员自身的素质关系密切。近年来，由于饲养密度的增大、频繁的调运、疫苗的免疫、气候的改变等因素，导致病原变异、毒力增强、混合感染、隐性带毒等现象日益增多，疾病的流行规律和临床表现出与以往不同的特点，给家禽疾病的诊断工作带来困难，因而延误了防控疾病的最佳时机，给生产造成严重损失。

　　为了推进北京市家禽产业健康、安全、稳步、高效的发展，及时、准确地诊断鸡病，根据我们的实践经验，针对鸡病的常见表象和剖检过程及其特征，总结和归纳出其典型病理彩色图谱，以帮助读者识别。本书所推荐的检测方法都是目前正在使用的方法，较为可行实用，接近生产实际，具有很强的实用性和指导作用。

　　由于我们技术水平的局限，加之时间仓促，书中难免有缺点和错误，希望读者给予批评指正。

作　者

2013 年 12 月

# 目录

# 第一章 现代化动物疾病诊断体系

  动物疫病诊断是疾病防控的基石，诊断结果决定着疾病防控成败。疫情处理的基本原则是"早、快、严"的原则，疫情的确诊是决策防控措施的重要资料。如果决策出错就可能导致疫情的扩散，造成巨大的经济损失，疫情确诊越早，疫病防控效果越好。但是，诊断工作是一项综合系统工程，受到诊断政策法规、人员素质、物质保障等因素的制约，会对诊断工作造成影响。既要统筹考虑疫病流行规律等宏观领域因素，又要深入分析病理变化特殊性、实验室检测等微观和缜密信息资料建立。一旦某个环节出错，就会出现诊断失误，真可谓"失之毫厘，谬以千里"。只有建立健全科学的保障体系，规范的疾病诊断流程才能保证诊断结果的准确。保证诊断工作顺利开展内容包括：质量管理制度体系、诊断工作、组织体系、技体系和物资保障体系。

## 第一节 质量管理制度体系

### 一、遵守国家、地方法规和行业管理条例

  为了保证诊断结果的准确性和最大程度上保证养殖户、消费者和检疫人员的安全，各级部门建立了多种法律制度和文件规范疾病诊断的行为。内容包括：疫情确诊的法定部门、开展疫情诊断部门的条件、普通动物疾病诊疗活动的资格等。具体包括以下内容：《中华人民共和国动物防疫法》《病原微生物实验室生物安全管理条例》《重大动物疫情应急条例》《中华人民共和国农业部令第 14 号《动物检疫管理办法》《动物疫情报告管理办法》、农业部《兽医系统实验室考核管理办法》等法

规，其中的部分章节对疾病诊断进行了规定。

## 二、建立本部门质量管理文件系统

根据自身条件建立合适的质量管理文件系统。任何组织和部门都需要管理。当管理与质量有关时，则为质量管理。质量管理是在质量方面指挥和控制组织的协调活动，通常包括：制定质量方针、目标以及质量策划、质量控制、质量保证和质量改进等活动。实现质量管理的方针目标，有效地开展各项质量管理活动，必须建立相应的管理体系，这个体系就叫质量管理体系。根据本地区自身的特点建立相匹配的质量体系，并运行实施，是诊断结果准确的重要保证。

# 第二节　工作组织体系

## 一、家禽疫病诊断组织机构和技术力量

目前，我国开展兽医诊断工作的可以分为以下四部分领域。

### （一）动物疫病预防控制中心

该机构是专门负责疫病诊断的机构，分为如国家、省市区、乡镇各级动物疫病预防控制中心，形成了疫病防控的网络布局，组成一套疫病防控各部门紧密配合、联动迅速的专业化兽医技术队伍，是疫病控制的技术支撑体系。

### （二）科研院校

以教学和生产研究的科研院所的兽医诊断室，科技研究和人才资源丰富，形成大量的科研实用成果。科研单位与企业技术合作领域广泛，有利于科研成果转化和应用。

### （三）经营兽药的企业

兽药企业、兽药经营机构的技术人员在疫病控制过程中起到诊断和防疫重要作用。他们为养殖场提供疫病的诊断和防治技术，宣传和推广新型药物和疫苗。

### （四）大型养殖场兽医机构

许多大型企业建立了自己完善的兽医防控体系，拥有专业的技术人员和先进的科研设备。从诊断、监测到防控，都有完善的方案和措施。

但是，由于资金有限和人员的素质等原因，目前兽医诊断资源分布还很不均匀，基层兽医往往仅仅能开展简单的流行病学调查、临床症状观察及剖检工作，缺少实验室技术和相关仪器设备的支撑。虽然具有很好临床经验，但是，缺少疾病精准确诊的能力。

## 二、人员素质要求

### （一）专业技术能力的培养

兽医是一项专业技术性较强的工作，随着疫病流行特点的改变和科学技术的飞快发展，许多新型疫病和先进的诊断方法层出不穷，所以，要赶上技术的发展进程，需要不断学习，才能准确、及时地开展诊断工作。

### （二）素质能力的培养

要求人员要有深入调查的毅力，要有敏锐的洞察力，精细认真、吃苦耐劳的工作作风。

## 三、正确工作关系建立

### （一）互相合作

由于家禽疾病的多样性和复杂性，以及检测方法需要多样性和综合性；往往不可能通过一个人或机构来完成，需要充分发挥合作的精神共同开展诊断。

## （二）互相监督

在家禽诊断工作中往往存在不确定性，由于具有人为猜想的因素存在，可能会出现思路不清，诊断错误。只有通过相互监督，推敲琢磨，才能防止家禽诊断工作向错误方向发展。

# 第三节　诊断技术体系

## 一、技术体系内容

现代化的疫病诊断体系需要有一系列的技术体系支撑，包括国际标准、国家标准、地方标准、行业标准、指导参考书等技术标准和规程，这些标准和规程规范诊断行为，使诊断工作按程序化开展工作，保证诊断的质量。

1. 国际标准

国际标准是指国际标准化组织（ISO）、国际电工委员会（IEC）和国际电信联盟（ITU）制定的标准，以及国际标准化组织确认并公布的其他国际组织制定的标准。国际标准在世界范围内统一使用。例如，国际兽疫局（OIE）及其标准体系。

2. 国家标准

这是指由国家标准化主管机构批准发布，对全国经济、技术发展有重大意义，且在全国范围内统一的标准。例如，GB/T18936-2003 高致病性禽流感诊断技术。

3. 地方性标准

地方标准又称为区域标准：对没有国家标准和行业标准而又需要在省、自治区、直辖市范围内统一的工业产品的安全、卫生要求，可以制定地方标准。例如，DB11/T869-2012 兽医病理解剖生物安全控制技术规范。

4. 行业标准

由我国各主管部、委（局）批准发布，在该部门范围内统一使用的标准，称为行业标准。例如，鸡伤寒、白痢全血平板凝集试验操作规程（ZY/01-2009-001）。

## 二、如何选取标准

1. 应及时检索最新标准、规程和技术标准

及时更新，废止的标准及时淘汰，保持所用标准为最新有效方法。

2. 实验室应优先使用国家兽医机关认同的国际、区域或国家标准发布的方法

确定样品的检测方法是保证检测工作的一项重要内容。当客户未指定所用方法时，应据样品种类，优先使用国际、区域或国家标准方法检测。在提供其他相关标准检测方法时，应在检测之前，应根据检测方法说明与客户沟通；由实验室确认能够正确运用的标准方法，经统一协商达成共识，确定检测。

# 第四节　物资保障体系

## 一、实验环境

为保证人员的安全、不污染环境、实验室检测结果的准确，各级实验诊断机构都有相应的要求。实验环境如温度、湿度、气流、环境的洁净度等因素对检测诊断结果影响巨大。

## 二、实验仪器和设备

要采用正规的厂家标准试剂、使用计量准确、运行可靠的实验仪器，是诊断的必需条件。

## 三、冷链保存和运输

检测样品和试剂的质量的控制关系到检测结果的准确，样品和试剂要新鲜，密闭保存不受污染，运输、保存要按规定执行。

# 第二章　鸡病诊断技术与要求

## 第一节　诊断规范化流程

### 一、规范化诊断程序建立意义

　　动物疾病诊断工作是一个的系统工程，在诊断过程中需要考虑发病情况、临床症状、疫病流行规律、实验室检测结果等多种因素。诊断结果要与疫病流行规律、病理变化、临床症状、实验室监测结果相符合。病例的接诊、病理解剖、流行病学调查、临床检查、样品的采集、实验室检测是疫病诊断的重要工作内容，任何一个环节都会对诊断结果产生影响。建立规范化的流程可以减少诊断工作中的遗漏和失误，可以保证诊断工作沿着正确的方向进行。

### 二、诊断关键要素

　　物质是功能的基础，任何功能的实现都必须有它的物质基础，任何功能的改变，都存在着物质结构的改变。疾病造成机体的损伤，导致机体某些功能出现异常，任何事件都不是孤立的，疾病的发生都是有一定规律性可循的。通过观察或检测典型的疾病特点，推敲诊断疾病的种类。

　　动物疾病的诊断基本要素包括：临床检查、流行病学调查、病变观察、实验室检测、综合诊断等基本内容，诊断的疾病只有与要素相符，才能确诊。

## 三、如何开展动物疾病诊断工作

在实际操作过程中，相关人员要准备好各种检测设备，做好提取样本各环节，确保检测样品的纯度。动物疾病诊断的一般流程图（图2-1）。

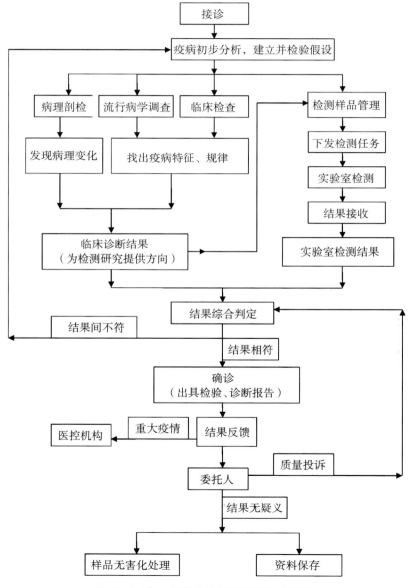

图 2-1　动物疾病诊断各环节的常规流程

# 第二节　接诊要项

## 一、接诊工作内容

### （一）病例信息的采集

1. 养殖场及其个人信息

其内容包括：养殖场名称、饲养动物种类、饲养规模、饲养方式、所在地址、联系人、联系电话、传真以及电子邮件地址等。

2. 疾病信息

发病动物种类、数量情况、临床症状、死亡情况、免疫情况、是否有人员感染。

3. 已采取的措施

其内容包括：治疗情况、封锁情况、扑杀情况以及灭活处理等信息。

4. 需要解决的问题

了解客户的需求，与本诊断室的能力进行比较，衡量是否有能力开展，满足客户要求。开展诊断之前，与客户进行协商，确认诊断标准，检测方法；选择试剂，诊断结果通知时间等事宜。

5. 送检的诊断样品是否符合要求

样品新鲜，数量充足，符合检验方法的病料。

### （二）对疾病初步诊断，提出检验假设

将动物疾病诊断信息采集后，对所接受的材料进行整理、统计、分析；综合分析疾病的流行特征，提出疾病可能的假设致病原因。对疾病性质进行分类，确定疾病的大致方向；首先鉴别疾病是否具有传染性，区分开疫病和非传染性疾病。根据发病特点结合各种疾病的诊断标准，初步提出疾病的诊断和研究方向，提出假设疾病种类，进行下一步检验。

1. 疫病具有的特点

可能接触过染疫动物；发病数量多；有传染性，可以进行动物间传播；从感染到出现临床症状逐渐出现；动物大多表现体温升高。

2.非传染性疾病的特点

①营养性疫病特点：发病群体数量大，但是发病程度较为缓慢；一般没有呼吸异常、体温升高症状。②中毒性疫病特点：群体发病时间相同，发病较为突然；通过消除毒物去除后，整体发病程度逐渐减转以至治愈。

## 二、接诊工作要求

1.人员技术全面，态度要仔细认真

不放过任何疾病相关蛛丝马迹信息。

2.病例信息详尽、全面

尽可能建立动物疾病档案，要求长期保存。

3.检验假设全面、准确

建立假设应该具备如下特征：①合理性：符合疾病信息、疾病流行规律和临床表现。②被调查中的事实所支持，一旦假设成立，能够解释整个病例的原因和表现。③全面，能够解释大多数的病例。

# 第三节 临床检查

## 一、群体检查

通过群体检查，发现鸡群的病理临床表现，为防疫人员和养殖户对疾病诊断提供方向，评价疾病的危害程度，以及今后采取的措施提供参考依据。

1.病鸡精神状态观察

羽毛粗乱、蓬松；精神萎靡不振；对外界刺激反应迟钝；采食和饮水废绝，常常呆立在墙角或笼边。

2.呼吸道检查

可以听见呼吸啰音，异常怪叫。特别是晚上熄灯后，呼吸道声音更加明显。

3.粪便检查

观察粪便的稀稠度和颜色。有时黏稠的粪便黏附在肛门处。疾病状态下的粪便状态、颜色等异常，包括：绿便、黄便、白色粪便、红色粪便（血便）、水样便、粪便稀，粪便往往不成形。

**4.鸡蛋品质检查**

产蛋率下降，沙皮蛋、双黄蛋、软蛋增多，蛋皮上有许多褐色的斑点，有时蛋上黏附有血液。鸡蛋大小不均，小的仅有鸽蛋大小。

**5.饲料检查**

料槽内是否有霉斑或腐坏，饲料是否有异味，颜色异常；咸度是否异常等。

## 二、环境检查

**1.温度**

观察温度计，查看温度是否合适；观察鸡群分布状态，留意鸡个体是否均匀散布，运动是否活跃，没有扎堆或张嘴呼吸现象。

**2.湿度**

如果环境湿度过大，空气中氧含量少，导致群体呼吸困难；如果湿度过低，空气干燥，容易造成雏鸡脱水。

**3.通风**

鸡舍及周边环境通风3个作用：①换气，保持空气清新；②降温；③除尘。通风不好，会导致群体呼吸道疾病高发。

**4.环境中灰尘**

干净的鸡舍，其墙壁、棚顶应该整洁透光不应附着大量灰尘，远望清亮醒目。

灰尘对群体诱发疾病影响较大，特别是空气中飘浮的灰尘，容易引起异物性肺炎，并且灰尘中携带多种病原微生物，这是造成雏鸡等多发病害的重要因素之一。

## 三、个体检查及示病症状

### （一）大体状态检查

大体状态检查是指对外貌形态和行为综合表现的检查。包括体格发育、营养状况、精神状态、日常姿势、运动与行为的变化和异常表现。

**1.体格发育**

主要观察家禽体高、体长、体重、骨关节的粗细、骨骼的发育及比例等。检体格时应考虑品种的差异。如果出现胸廓狭窄，肢体扭曲变形，瘦弱无力，可能是饲料营养不全或慢性病所致。

2. 营养状况

根据被毛的状态和光泽、肌肉的丰满程度、骨骼的外露，特别是皮下脂肪的蓄积量来判定。一般看腹部蓄积脂肪的多少。

3. 精神状态

观察对外界刺激的反应能力及其行为表现。健康的家禽对外界的反应机敏，表现头耳灵活，目光明亮有神，经常注意外界，反应迅速，行动敏捷；而患有能影响大脑功能活动疾病时，家禽会有不同程度的意识障碍，临床表现为兴奋或抑制。

4. 姿势和行为

健康都有其特有的姿势与行为，表现自然好动、动作灵活而协调。而患病则有可能表现站立姿势改变或是卧地不起等异常表现。例如，患有马立克氏病表现双腿劈叉；患有新城疫病表现转脖；家禽患有寄生虫时，经常会出现啄羽和啄肛动作。

5. 运动

有的患病家禽可出现运动方向型和协调性发生改变的情况，主要表现有运动失调、强迫运动、跛行不便等。如患脑脊髓炎的鸡会倒退走，头部出现震颤。

6. 体温

①握住鸡爪子，感觉很烫，表现体温升高。常见于各种病原体（病毒、细菌、真菌、寄生虫）所引起的感染，也见于某些变态反应性疾病和内分泌代谢障碍性疾病。②体温降低。多见于贫血、休克、器官大出血、严重营养不良、濒临死亡等。

## （二）系统检查

1. 皮肤检查

皮肤上是否有结痂、斑块，出血、脱毛等病变，是否存在体表寄生虫。例如鸡痘、螨虫、蜱和虱子。

2. 可视黏膜检查

临床上一般以检查眼结合膜为主，健康黏膜的颜色为淡红色或粉红色，眼球晶体有光泽，湿润，鲜艳。主要观察是否是眼型马立克氏病或贫血表现。

3. 口腔和喉头

观察是否有鸡痘结痂，支原体或传染性喉炎堵塞气管，气管内是否有血液及黏液。

4. 关节及脚垫

观察关节是否红肿，触摸有波动感，有可能是关节炎性大肠杆菌或滑液囊支原体病，脚垫是否肿胀出血，是否存在淋巴血管瘤病等病症。

## （三）临床检查图片指导

为了便于读者开展家禽疾病诊断，我们根据多年的实际工作经验，总结出了一套家禽常规临床检查的操作流程，并配有彩色图片加以说明如图 2-2、图 2-3、图 2-4、图 2-5、图 2-6、图 2-7、图 2-8、图 2-9 和图 2-10 所示，以便于读者操作和实施。

图 2-2　检查头部
（包括眼睛、鼻腔、肉髯、鸡冠等器官）

图 2-3　检查鼻腔
（包括鼻部周边器官）

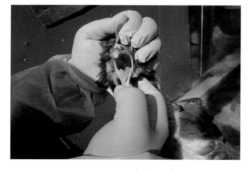

图 2-4　检查口腔
（观察喉头、气管、咽部等器官）

图 2-5　检查上腭沟
（观察腭部等）

图 2-6　检查胸部
（包括肌肉、龙骨等）

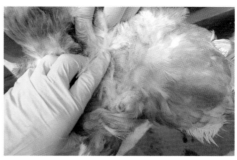

图 2-7　检查肛门、泄殖腔
（包括肛门、泄殖腔、尾部毛羽等）

图 2-8　检查关节
（包括双腿关节各部位）

图 2-9　检查脚垫
（包括双脚指甲等）

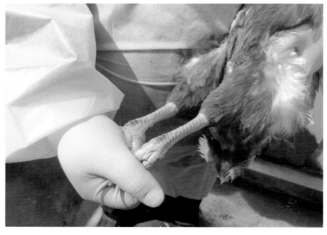

图 2-10　检查脚鳞
（包括双腿脚鳞、脚爪等部位）

# 第四节　流行病学调查

流行病学调查又称医学侦查，从划分动物群体的角度而言，开展对家禽疾病的分布、影响因素和防治措施的分析与研究，是疫病诊断的关键要素。

## 一、流行病学工作内容和目标

1. 确定疫病的起源

诊断并找到传播途径、感染方式，以及易感动物品种等。

2. 揭示流行规律

发现和阐明流行病"三间"分布时间、空间、畜（禽）间，感染渠道、易感动物特点等因素。

3. 推断病因

评估风险因素、发展趋势、评价防控效果。

4. 制定综合防治对策

提出合理化建议、发布预警信息。

流行病学调查也是诊断疫病的一种方法，疾病的流行和发生都是有一定规律的，通过调查，分析归纳疾病的流行规律，推断出疾病的种类。表 2-1 为 4 种常用诊断方法的比较。

表 2-1　4 种常用诊断方法的比较

| 类别 | 临床诊断 | 病理学诊断 | 病原学诊断 | 流行病学诊断 |
|---|---|---|---|---|
| 研究对象 | 个体 | 个体 | 个体 | 群体 |
| 诊断方法 | 根据症状和症候确定疾病 | 根据器官病理变化确定疾病 | 根据病原的种类进行确诊 | 观察整个群体，根据疫病的流行规律进行诊断 |
| 优点 | 方便快捷 | 简单实用，便于操作 | 特异性较强 | 全局整体性较强 |
| 缺点 | 需要一定的临床经验，缺少特异性 | 有些疫病病变相似，缺少特异性 | 受样品、试剂等条件的制约，有时出现假阳性或假阴性 | 需要技术全面，综合能较强 |

## 二、流行病学与其他学科关系

流行病学是一项综合的系统工程，病原学、病理学、实验室各种检测技术等是流行病学开展的辅助工具。

## 三、流行病学调查基本程序

1. 发现问题，制定方案

对病例进行初步分析，根据不同的目的制定流行病学调查方案。

2. 展开调查

调查的方法多样，根据目的和条件选择事宜的方法。

（1）按调查范围分

普查、抽样调查。

（2）按调查方式分

现场调查、间接（电话、发放调查表）调查。

① 按目的不同分为：专项调查、一般调查。

② 按紧迫性分：应急（紧急）调查。

③ 按场所不同分：随机调查、定点调查、总结疾病规律根据调查的内容，总结归纳出病例的流行特点和规律。

# 第五节　病理剖检

## 一、病理剖检诊断原理及优点

兽医病理解剖学是一门形态学科，通过尸体剖检，使用肉眼观察和显微镜观察等方法，识别疾病时机体组织、器官和细胞形态；通过对典型示病特征的病变观察，获得疾病的种类，为治疗打下坚实的基础。因为各种组织、器官是动物的代谢、机能改变以及临诊症状和体征的物质基础，形态结构和代谢机能存在辩证关系。器官组织和细胞的形态结构是其代谢和机能的基础，而后者的改变又能反过来促使形态结构发生改变。由于各种疾病可以造成不同的组织器官损伤，出现不同程度的病变；有些病原微生物对特定的组织、细胞具有亲嗜性，在一定的细胞内和某些部位存活，损伤一定部位的细胞组织，导致出现一定的特征性病变。例如：鸡患法氏囊病时，导致法氏囊内黏膜出血，胸肌、腿肌等出现毛刷样出血、排黄白色粪便，这些都是其特征性病变。又如：鸡患病毒性脑脊髓炎病时，由于侵害脑神经系统，出现点头、后退等振颤，这是其特征性的行为特征。许多动物疾病都有典型的示病特征病变和行为。再如：新城疫的"转脖"现象；鸡衣原体病的"企鹅"样；鸡大肠杆菌的"三炎"；鸡内脏痛风的尿酸盐沉积；鸡肾型传支的"花斑肾"；鸡球虫病的肠道出血；猪瘟的出血性变化；猪磺胺类药物中毒在肾脏处结晶、羊魏氏梭菌的"软肾病"等病理变化，通过这些典型的病理变化可以确诊动物所患疾病。

病理剖检诊断具有很强的直观性和实践性。同时，也由于诊断快速、便于技术掌握、不受场所限制，器材简单易于开展工作，目前是兽医诊断的主要手段。通过对疾病的快速确诊，为疾病的防治提供理论依据。

## 二、病理解剖学在兽医诊治中作用及价值

动物尸体剖检是运用病理解剖学的知识，通过检查尸体的病理变化，获得诊断疾病的依据。通过病理剖检可以为进一步诊断与研究提供有价值的数据和前进方向，它具有方便快速、直接客观等特点，有的疾病通过病理剖检，根据典型病变，便可确诊。尸体剖检还常被用来验证诊断与治疗的正确性，尸体剖检对动物疾病的诊断意义重大。即使在兽医技术和基础理论快速发展的现代，人们仍没有任何手段能取代动物尸检所起的作用。动物尸体解剖检查有以下作用。

### （一）为动物疾病的诊断和研究提供方向

动物疾病的种类很多，发生疾病时往往首先要进行流行病学调查、临床症状观察和病理解剖三项工作，初步估计疾病的种类，大体演变方向。其中，前两项工作受多种限制因素往往不能快速、正确作出判断。病理解剖技术可以通过观察到的病变，进行初步诊断。当出现典型病理变化即可确诊。如果没有示病特征病变，可以

根据所见的病变，提出可能引起出现这些病变的疾病种类，排除其他疾病因素，缩小疾病原因的范围，并提供大致方向。选取合适的实验室检测手段，进行确诊和进一步的研究。

**（二）检验和验证动物疾病临床诊断和治疗准确性，对于兽医诊治技术的提高作用显著**

当前，兽医诊断仪器、手段相对来说比较匮乏，诊断技术低下，特别是对传染病以外的疫病诊断诊断技术，缺少辅助的实验室检测技术，以上原因自然导致出现对动物疾病错误诊断。北京市兽医实验诊断所承担北京地区动物医疗纠纷技术仲裁工作，通过5年来的工作实践来看，目前，兽医临床诊断结果与死后解剖诊断结果有很大的差别，即使在人医领域也是如此。据人医资料报道，美国病理学家协会于1995年召开的第29次尸检专题讨论会，大会报告的临床病理诊断符合率在75%~80%。我国在20世纪80年代由北京医科大学、上海医科大学、北京医院和第四军医大学等分别总结报告的尸检资料中，尸检诊断与临床第一诊断不符者占20%~50%。

特别是当前由于许多动物疫病进行了疫苗免疫，有的进行了活疫苗的使用。疫苗的免疫往往影响了实验室的检测结果。特别是隐性感染不发病的现象，即使是病原微生物存在，但是也不能造成组织器官发生损伤，而发生疾病。例如，在一个动物体内可能检测到多种病原，我们只有通过观察病变特征才能确定真正的疾病原因。

通过动物尸体解剖可以使临床遇到的病例在死后得到最终确诊，我们从中所取得的经验是不能从书本中获得的，对提高临床医疗水平无疑是极为重要的，是任何先进的手段都取代不了的。尸检也有助于医学流行病学、诊断技术、治疗技术的发展。尸体解剖技术也是动物疾病防治人员技术提高不可缺少的手段，一名技术全面、能够解决疾病控制生产难题的兽医工作者，必定经过尸检的良好训练，才可以分析和解决畜牧生产中遇到的动物疾病问题。

**（三）尸体剖检是发现新的动物疫病的重要手段**

在医学科学技术快速发展的现代，尸体解剖检验仍然是发现新疾病的主要手段。新型疾病发生时往往没有成型的诊断试剂和诊断方法。人们往往是根据出现的症状，推断组织的损伤部位，因为物质决定功能，先有组织和器官的改变，才会出现相应的症状。如在 SARS 疾病，最开始不知道病原的种类，但是发现它有不同于其他疾病的病理变化，发现这是一种新型疾病。又如，鸡的法氏囊病，开始不知是什么疾病，但是发现法氏囊的肿大、出血等不同变化，确定是一种新型疾病。根据人医 1996 年发表的资料统计，自 1950 年以来，通过尸检新发现的疾病变化包括了 10 大类别的 87 种。其中，包括了病毒性肝炎和艾滋病。故病理诊断（包含尸检诊断）是发现新型疾病的重要手段。

# 第六节　剖检流程及工作内容

## 一、制定剖检方案（剖检前准备）

### （一）明确剖检的目的

讨论疾病的流行规律和特点，明确观察病变的重点。初步假设或怀疑疾病的可能，以便在剖检过程中有目的地寻找特定关键部位，寻找特征性的示病病变。

### （二）开展人员、环境生物安全危害程度评估，制定生物安全控制预案

动物尸体病理剖检工作，直接接触患病动物机体和器官，动物脏器中病原的含量较高，容易感染剖检人员，并且会产生废弃组织和废水。如果不进行有效防护和消毒等处理，容易造成人员的感染和环境的污染。

在开展病理解剖前要对疫病进行评估，选择相应的生物安全防护措施，当怀疑是炭疽疫病时，或当前的防护条件不能保证人员和环境安全时禁止病理解剖。

在病理剖检前应制定相应的生物安全控制预案，分析可能出现的各种风险因素，制定出相应的应对措施。剖检过程中需生物安全控制，参见附录北京市地方标准《兽医病理解剖生物安全控制技术规范》。

### （三）人员分工

从事兽医病理解剖工作的人员应具有病理解剖相关专业知识和操作技能，参加病理解剖工作的相关技术人员应接受过生物安全培训。病理解剖前应做好人员分

工，以便在解剖过程中各尽其职。一般分为解剖操作者、助手、记录人。对于生物安全控制工作分工如下。

**1. 解剖操作者**

解剖前应做好生物安全控制的预案，检查需用的解剖器械和防护用品是否备齐，并决定操作的原则及方法，指挥、组织全部过程和完成主要操作步骤，保证病理解剖工作在安全的情况下顺利进行，是生物安全控制的组织者。

**2. 助手**

协助解剖操作者工作，负责生物安全控制的具体实施。

**3. 记录人**

负责解剖病变的记录，对检验样品进行登记，对采取的生物安全控制的实施情况进行记录。

## 二、家禽剖检器械和物资准备

### （一）尸体解剖基本器械

手术刀、手术剪、软骨剪、组织镊和卷尺等，如图2-10所示。

### （二）消毒设备和药品

紫外线消毒灯、空气消毒机、火焰喷灯、喷雾器、洗眼器和消毒药。

图2-10 解剖器械（剪刀、镊子、清水）

### （三）尸体运输、储存设备

尸体手推车、尸体袋、冷藏库、冰箱、冰柜以及移动式冷藏箱。

## 三、正式剖检

### （一）人员防护物品的装备

实施剖检个人防护用品的准备。

手术服、一次性橡胶手套、棉线手套、口罩、解剖器械（剪刀、镊子、清水）、胶靴、鞋套、围裙、套袖、防护眼镜、洗手液、一次性防护服、洗眼液等，如图2-11和图2-12所示。

 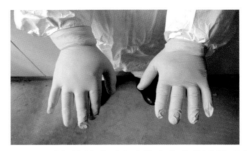

图2-11　解剖人员的防护　　　　　图2-12　手部防护（手套上缘应包裹住防护服上）

## （二）选取剖检术式仰卧位（背卧位）

在正式进行家禽剖检之前，需要对动物尸体用清水冲洗浸泡，打湿羽毛，并将其仰卧放在剖检台上，如图2-13和图2-14所示。

图2-13　用清水将鸡尸体浸泡，打湿羽毛　　　　图2-14　病鸡仰卧位（背卧位）

## （三）剖检的操作要领

1. 保定（切肢）

（1）前肢

先将胸部和翅膀内侧的皮肤切（剪）开，切口尽量要大，便于剥皮，用力按翅膀，使翅膀脱臼或折断，将翅膀向外展开，如图2-15所示。

图2-15 病鸡切前肢：前肢（翅膀）的切开

图2-16 病鸡切后肢：后肢的切肢

（2）后肢

先将腹壁和大腿内侧的皮肤切（剪）开，切口尽量要大，便于剥皮，用力将大腿按下，使髋关节脱臼，将两大腿向外展开，从而固定尸体，如图2-16所示。

2.剥皮

有两种方法，按习惯选用。

（1）从胸部龙骨剑突处开始

在胸部龙骨剑突处横切（剪）开，然后拽住两侧皮肤，向后或向前缓缓拉开，使皮肤与肌肉分离。向前拉经锁骨处至嘴角，向后拉至肛门，如图2-17所示。

（2）从嘴角开始

图2-17 病鸡剥皮（在剑骨突处切断皮肤）

向后经脖子，沿胸腹正中线至肛门处用剪刀切开皮肤，然后拽住皮肤向两侧拉，使皮肤与肌肉分离，如图2-18和图2-19所示。

3.开腹腔

在胸骨边缘横切口至腹腔，用剪刀沿腹正中线剪至肛门处，也可用手拽拉腹壁至盆腔处。

4.开胸腔

从腹壁两侧沿肋骨头关节处向前方剪断肋骨和胸肌，然后握住胸骨用力向上向前翻拉，去掉胸骨露出体腔。

图2-18　病鸡拉住皮肤向前后牵拉，拨开皮肤　　图2-19　病鸡剖解前期工作完成

5. 脖子

用剪刀剥开皮肤，观察嗉囊、气管、食道、胸腺。

6. 开颅

沿眼眶后上方连线，用剪刀切断骨骼，再于两侧分别用锯或斧子切断颅侧骨骼，这样从前往后很容易掀起颅顶上壁，使脑露出。

## 四、剖检流程及检查要点

### （一）鸡病理剖检的程序与检查要点

1. 检查羽毛

观察羽毛发育程度、完整性及有无脱落；翅下、肛门处是否存在寄生虫。

【相关疾病】锌中毒、生物素或泛酸缺乏、体外寄生虫病、严重营养不良、重度传染病和啄羽僻等。

2. 检查皮肤

观察皮肤有否肿瘤、脓肿、水肿、痘疹，面部、鸡冠、垂肉有无肿胀、痘疹、坏死，肛周有无粪便污染。

【相关疾病】皮肤型马立克氏病、葡萄球菌病、鸡痘、禽流感、慢性呼吸道病、传染性鼻炎、肾脏疾病和肠道疾病。

3.天然孔的检查

4.检查营养状态

观察鸡的肌肉丰满程度，常见消瘦。

【相关疾病】马立克氏病、淋巴白血病、禽伤寒、腺胃型支气管炎、肾传支和营养失调等。

5.将尸体用消毒液（水）浸湿

不可将水灌入气管。避免羽毛和尘土飞扬，污染环境和内脏，尤其在实验室内。

6.口腔与食管检查

沿喙角剪开。观察有无结节、假膜相关疾病：维生素A缺乏症、黏膜型禽痘、念珠菌病等。

7.检查鼻腔和眶下窦

沿上颌横切。观察有无黏液、干酪样物。

【相关疾病】传染性鼻炎、慢性呼吸道病。

8.检查喉气管

沿喉头剪开喉气管。喉气管的病变对许多疾病有诊断意义，应首先剖检，避免在解剖时造成气管污染，妨碍检查。另外，在给鸡放血时，最好不要破坏气管，以便观察起病理变化。主要观察有无出血、血凝块、纤维素块、黏液及黄白色的隆起等。

【相关疾病】传染性喉气管炎、新城疫、大肠杆菌病、慢性呼吸道病、禽痘等。

9.打开腹部的皮肤

用剪刀在腹部剪口，徒手将皮肤撕开，暴露胸部、腿部及嗉囊等。注意观察肌肉有无出血、苍白、肿瘤、囊肿，皮下有无水肿，嗉囊大小、完整性等。

【相关疾病】传染性法氏囊病、住白细胞原虫病、马立克氏病、胸部囊肿、白肌病，脐带炎、渗出性素质和素囊卡他、新城疫、嗉囊扩张和嗉囊穿孔等。

10.将两腿向后扭转，并仰卧保定

11.检查坐骨神经

注意观察有无肿胀、出血。

【相关疾病】神经型马立克氏病、维生素B$_2$缺乏症。

12.打开腹腔

在胸骨的末端剪口，分别沿左右两侧肋骨剪至脊柱，注意保护胸部气囊完整性。观察气囊有无混浊、纤维素，肺脏颜色（苍白、发绀）、纤维素、黄色结节等，有无腹水及其他渗出物等，腺胃穿孔。

【相关疾病】大肠杆菌病、慢性呼吸道病、肺炎（病毒、细菌、霉菌等）、腹水症、卵黄腹膜炎、鱼粉中毒、夏季腺胃穿孔等。

13. 检查腺胃系统

在腺胃前端剪断食道，取出消化器官。

14. 检查心包、心脏

注意观察心包液的数量、混浊度，有无纤维素渗出物，心脏出血、肿瘤、坏死和心扩张等。

【相关疾病】腹水征、鸡白痢、大肠杆菌病、马立克氏病、淋巴白血病、细菌性肉芽肿、白肌病、心力衰竭、败血症（新城疫、鸡瘟、禽霍乱、传染性法氏囊病）和禽流感等。

15. 肾脏和输尿管的检查

注意观察肾脏大小、色泽（出血、尿酸盐充满）、肿瘤；输尿管有无结石、尿酸盐等。

【相关疾病】肾型传支、传染性法氏囊病、新城疫、禽流感、霉菌毒素中毒、维生素 A 缺乏、痛风、马立克氏病和淋巴白血病。

16. 检查法氏囊

注意观察法氏囊的大小（肿胀、萎缩）、色泽（黄色、红色）、囊内渗出物、肿瘤等。

【相关疾病】传染性法氏囊病、新城疫和淋巴白血病。

17. 检查卵巢

注意观察卵巢发育程度、硬度、形态、完整性、肿瘤及色泽等。

【相关疾病】禽伤寒、大肠杆菌病、新城疫、禽流感、喹乙醇中毒及其他造成产蛋下降的疾病、马立克氏病和淋巴白血病。

18. 检查输卵管

观察输卵管的粗细、有无腐败性、脓性分泌物或煮熟卵黄、蛋白样物质，苗勒氏管囊肿等。

【相关疾病】传支、减蛋综合征、禽流感、遗传性异常。

19. 检查肝脏

注意观察大小、硬度、形状、色泽、完整性、坏死点及肿瘤。

【相关疾病】肉鸡猝死症、蛋鸡脂肪肝综合征、腹水征、弧菌性肝炎、禽霍乱、沙门氏菌感染、亚利桑那氏菌病、包涵体肝炎、马立克氏病和淋巴白血病。

20. 检查胆囊

注意观察大小、胆汁色泽（无色或淡黄色）。

【相关疾病】肉鸡猝死症、肠炎。

21. 检查脾脏

观察脾脏大小、有无坏死点、肿瘤等。

【相关疾病】禽流感、新城疫、马立克氏病、淋巴白血病和住白细胞原虫病等。

22. 检查直肠和泄殖腔

观察有无出血、损伤。

【相关疾病】新城疫、传染性法氏囊病等传染病，喹乙醇、磺胺药物等中毒病，啄肛。

23. 检查盲肠和盲肠扁桃体

注意有无出血、肠内容物的色泽、形状等。

【相关疾病】新城疫及其他传染性疾病、盲肠球虫和组织滴虫病（黑头病）。

24. 检查小肠（十二指肠、空肠和回肠）

注意观察有无出血、肿胀、枣核样出血、坏死、肠内容物色泽、形状等。

【相关疾病】新城疫、小肠球虫和坏死性肠炎。

25. 检查卵黄

注意大小、色泽等。

【相关疾病】脐带炎。

26. 检查肌胃

注意观察有无溃疡和出血。

【相关疾病】鱼粉中毒、饥饿、新城疫、腺胃型传支。

27. 检查腺胃

注意观察有无出血、肿瘤、溃疡或穿孔、胃内容物色泽（绿色、褐色）等。

【相关疾病】新城疫、传染性法氏囊病、腺胃型传支、马立克氏病、鱼粉中毒以及腺胃溃疡。

28. 嗉囊的检查

注意观察大小、嗉囊壁完整性、内容物性状（黏液、褐色）、嗉囊壁有无结节。

【相关疾病】新城疫、嗉囊卡他、鱼粉中毒和念珠菌病感染（也可引起阻塞性扩张）等。

29. 脑膜及脑的检查

用剪刀像开铁罐头盖一样剪掉头盖骨。注意观察有无出血、水肿、坏死和色泽异常等。

【相关疾病】脑脊髓炎、细菌性脑炎、维生素 E 缺乏症、食盐中毒、棉酚中毒等。

30. 检查骨骼

观察骨胳的硬度、形状。

【相关疾病】维生素 D 缺乏、钙磷缺乏或比例不当、慢性氟中毒、锰缺乏和胆碱缺乏。

31. 检查跟腱（腓肠肌腱）

观察有无肿胀、断裂和移位等。

【相关疾病】病毒性关节炎、锰缺乏、胆碱缺乏、生物素缺乏和锌缺乏等。

32. 检查关节

观察是否肿大、有波动感、内容物性状等。

【相关疾病】滑膜霉形体病、沙门氏菌感染、葡萄球菌感染和病毒性关节炎等。

## （二）剖检流程及检查要点图片实例

对于初期从事动物疾病防治人员来说，开展家禽剖检工作是有一定难度和被患病禽体感染的危险性的，因此，我们根据多年的实际工作经验，总结归纳出了较为系统的家禽临床剖检操作流程，并配有彩色图片加以说明，如图 2-20、图 2-21、图 2-22、图 2-23、图 2-24、图 2-25、图 2-26、图 2-27a、图 2-27b、图 2-28、图 2-29、图 2-30、图 2-31、图 2-32、图 2-33、图 2-34、图 2-35、图 2-36、图 2-37、图 2-38、图 2-39、图 2-40、图 2-41、图 2-42、图 2-43、图 2-44、图 2-45、图 2-46a、图 2-46b、图 2-47、图 2-48、图 2-49、图 2-50、图 2-51a、图 2-51b、图 2-52、图 2-53、图 2-54 、图 2-55 a 和图 2-55b 所示。

图 2-20　检查病鸡髋关节及坐骨神经

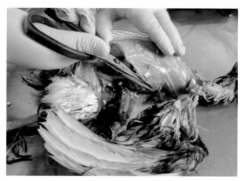

图 2-21　沿病鸡胸骨边缘横切口至腹腔

图 2-22　取下病鸡胸骨

图 2-23　切开病鸡颈部皮肤，观察胸腺

图 2-24　大体观察病鸡内脏器官各部位
（心、肝、肺、胃、肠、气囊和气管）

图 2-25　观察病鸡肺气囊

图 2-26　检查病鸡腹部气囊

a

b

图 2-27　检查病鸡心包及心脏

图 2-28　检查病鸡腹部气囊

图 2-29　牵拉病鸡腺胃，使肠道与机体分离

图 2-30 切断病鸡腺胃与食管

图 2-31 摘除病鸡消化道

图 2-32 检查病鸡输卵管、泄殖腔和直肠

图2-33 观察病鸡气管、心脏、肺脏、卵巢、
肾脏、输卵管和气囊

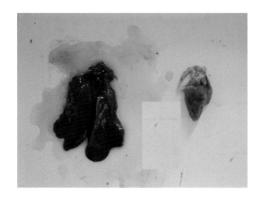

图 2-34 摘取病鸡心脏、肝脏进行观察

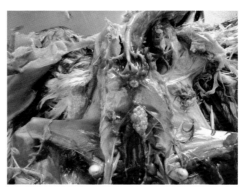

图 2-35 观察病鸡肺脏

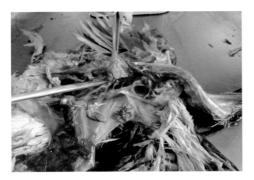

图 2-36　摘除病鸡肺脏

图 2-37　检查病鸡肺脏（一）

图 2-38　检查病鸡肺脏（二）

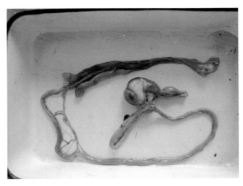

图 2-39　大体观察病鸡胰腺、腺胃、肌
胃、十二指肠、空肠、回肠和直肠

图 2-40　检查病鸡十二指肠和胰腺

图 2-41　剪开病鸡十二指肠

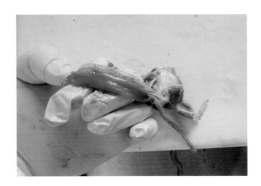

图 2-42　检查病鸡十二指肠黏膜

图 2-43　检查病鸡肌胃和腺胃——食糜

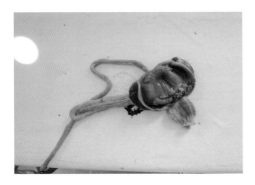

图 2-44　检查病鸡肌胃和腺胃
——腺胃乳头和角质层

图 2-45　检查病鸡肌胃和腺胃
——角质层下

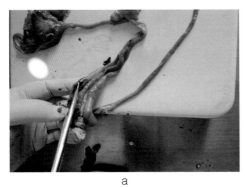

a

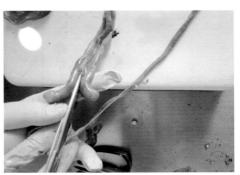

b

图 2-46　检查病鸡盲肠和回肠

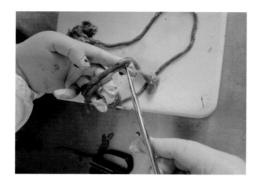

图 2-47　检查病鸡盲肠淋巴滤泡　　　　　　图 2-48　检查病鸡泄殖腔

图 2-49　切开病鸡口腔　　　　　　　　　图 2-50　检查病鸡鼻上腭沟

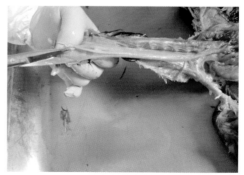

a　　　　　　　　　　　　　　　　　　b

图 2-51　检查病鸡喉头气管

图 2-52  检查病鸡食道黏膜

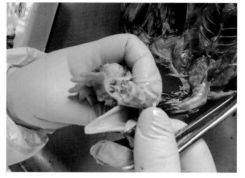

图 2-53  检查病鸡鼻腔

图2-54  检查病鸡跟腱（腓肠肌）

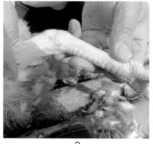
a

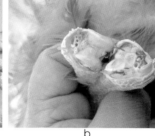
b

图 2-55  检查病鸡脚鳞及关节

## 五、记录应规范

1. 边剖检，随时记录

防止由于剖检过程中的细节遗忘等。

2. 涂改注明原因

例如时间、地点、剖检部位变更等。

3. 两人以上签字

主剖人员必须参加，确认结果。

4. 记录格式

位置（脏器＋结构＋方位）＋状态（大小、厚度）＋病变类型。

5. 运用专业术语

例如，描述血循环障碍：充血、出血、贫血、梗死；描述水代谢紊乱：脱水、水肿；描述炎症：变性性炎症、渗出性炎症〔浆液性、纤维素性（浮膜性、固膜性）、卡他性、化脓性、出血性〕和增生性炎症。

## 六、得出初步结论

根据病理剖检观察到的病理变化，根据疾病的典型病变，初步得出剖检结论，疑似某种疫病或疾病。

# 第七节　样品采集、保存和运输

疾病诊断工作离不开实验室检测，特别是传染性疫病更离不开实验室检测，实验结果的准确性、有效性除实验方法、检测试剂、实验操作等因素影响外，从一开始就受到样品的采集、保存、运输等因素的影响。特别是在开展动物疫病诊断工作，检测结果是否具有代表性，是否能够真实反映出疫病的真实情况都与样品的采集有重要关系。规范化的样品采集与管理是控制动物疫病诊断质量中至关重要的一环，关系到诊断结果的准确性。

## 一、样品采集

### 样品采集所遵循的一般原则

1. 采集样品要有代表性

有时兽医诊断不是针对个体进行诊断，而是对全体的主要疾病进行诊断。往往采用通过对个体进行诊断，而推断出整个群体的疾病情况。所以，采集的样品一定要能够反映整个群体的情况，选取有代表性的发病个体进行采样诊断。

2. 采集样品要有针对性

根据检测目的和方法选取相匹配的材料。例如，检测抗体一般采集免疫后10~14d 后的血清，做病理学检验一般采集病变部位和正常组织的交界处，用福尔马林液体浸泡，不能冷冻，常温保存。有的实验需要采集脏器，有的需要采集唾液。往往根据不同的检测目的，根据需要针对性地进行采样。

3.采集的样品要有时效性

目前，疫病检测主要通过检测抗体或病原两种方法，抗体和病原在动物体内并不是一成不变的。疫苗免疫或病原感染后，机体内的病原或抗体数量浓度在不同时期是不同的。往往监测到的数值是不同的。因此，我们要根据监测的目的选取不同时间采集样品。如监测疫苗的保护效果，一般在疫苗免疫后 10~15d 以后才可以采集，如果在刚刚免疫后或临近加强免疫的时候，往往不能反映出疫苗的免疫效果。监测病原时，由于感染初期病原在机体内含量较少，并且在机体各组织分布不均，所以在监测时要根据不同时期，采集不同部位的组织进行检测。以禽流感为例，感染初期可能肺脏病毒含量较高，中期可以在泄殖腔排泄病毒，但是在禽流感后期可能由于排毒停止，就检测不到病毒了。

4.采集样品要有一定数量，符合统计学原理

目前，主要通过个体诊断推断出整个群体的情况，样品的数量往往影响检测的结果。样品采集的数量是一个复杂的问题，样品的数量过少，往往结果不能反映群体的情况，有可能检测不到病原，如果样品采集数量过大，导致工作量过大，实验室承担较困难。

5.采样时应需要注意事项

小心谨慎，以免对动物产生不必要的刺激或损害和对采样者构成威胁。

6.采集的样品需要注意事项

品样要新鲜，有时发生腐败变质的样品，不符合检验要求，例如内脏病料的采取，如果患畜已死亡，应尽快采集，前后完成时间最迟不超过 6h。

7.样品采集时做好生物安全控制

严防人员和动物感染，污染环境，防止疫病传播，防止样品受污染。

## 二、采样方法及流程

### （一）血液方法及流程

采血部位选取

采血器具

剪刀、注射器、记号笔、真空采血管、采血器、酒精棉球，如图 2-56 所示。

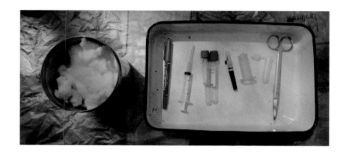

图 2-56　常见采血使用器具

## （二）保定

操作人员应穿戴好手术服、手套和帽子，并将病鸡加以固定放好，再开始操作，如图 2-57a 和图 2-57b 所示。

a

b

图 2-57　保定操作过程

## （三）采血部位选取

1. 选择部位要点

禽类通常选择翅静脉采血，也可通过心脏采血措施得以实现。

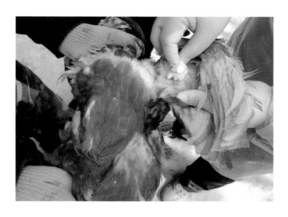

图 2-58 采血部位消毒

图 2-59 注射器刺入血管

图 2-60 拉动注射器吸取血液

图 2-61 用棉球压住采血部位

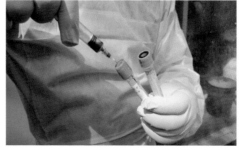

图 2-62 将血液注入采血试管

具体操作过程如图 2-58、图 2-59、图 2-60、图 2-61 和图 2-62 所示。

① 操作过程（图 2-63a、图 2-63b、图 2-63c 和图 2-63d）。

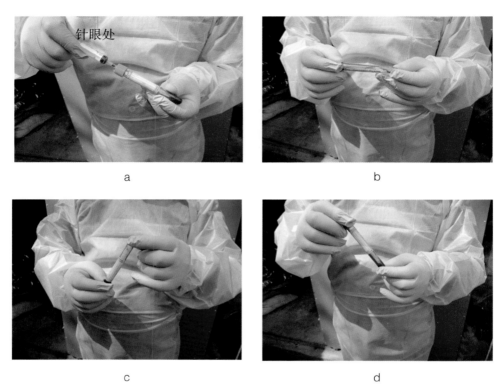

图 2-63　抗凝血需轻轻晃动

② 采血编号储存要求（图 2-64a、图 2-64b和图 2-65a、图 2-65b）。

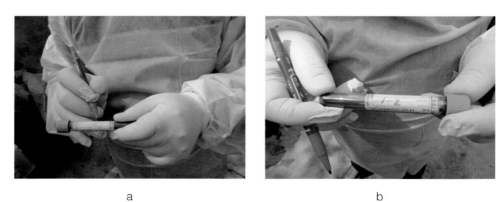

图 2-64　采血后样品编号

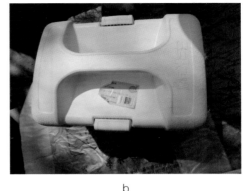

a             b

图 2-65 采血后样品的储存

2. 采血方法

（1）翅静脉采血法

图 2-66a 和图 2-66b 是采用单人翅下采血的操作过程。

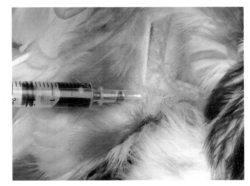

a             b

图 2-66 单人翅下采血

（2）心脏采血法

右侧卧保定，在左侧胸部触摸心搏动最明显的地方进行穿刺，连接注射器吸取血液。成年鸡心脏穿刺部位是：从胸骨嵴前端至背部下凹处连接线的 1/2 处。用细针头在穿刺部位与皮肤垂直刺入约 2~3cm 即可。家禽品种和个体大小不同进针位置和深度不同要作适当调整。心脏采血可大量采血，但不宜连续使用，因有一定的死亡率。特别是对雏禽，常因针头刺破心脏导致出血过多而死亡，而且心脏的修复能力特别差，对禽后期影响较大。

### （四）血液样品种类

1. 全血样品

进行血液学分析，细菌、病毒或原虫培养，通常用全血样品，样品中加抗凝剂。抗凝剂可用 0.1% 肝素、阿氏液（阿氏液为红细胞保存液，使用时，以 1 份血液加 2 份阿氏液），或枸橼酸钠（3.8%~4.0% 的枸橼酸酸钠 0.1ml，可抗 1 ml 血液）。采血时应直接将血液滴入抗凝剂中，并立即连续摇动，充分混合。也可将血液放入装有玻璃珠的灭菌瓶内，震荡脱纤维蛋白。

2. 血清样品

进行血清学试验通常用血清样品。用作血清样品的血液中不加抗凝剂，血液在室温下静置 2~4h（防止曝晒），待血液凝固，有血清析出时，用无菌剥离针剥离血凝块，然后置 4℃冰箱过夜，待大部分血清析出后取出血清，必要时经低速离心分离出血清在不影响检验要求原则下可因需要加人适宜的防腐剂。做病毒中和试验的血清避免使用化学防腐剂（如硼酸、硫柳汞等）。若需长时间保存，则将血清置 20℃以下保存，但要尽量防止或减少反复冻融。样品容器上贴详细标签。

3. 血浆的采集

采血试管内先加上抗凝剂（每 10ml 血加柠檬酸钠 0.04~0.05g），血液采完后，将试管颠倒几次，使血液与抗凝剂充分混合，然后静止，待细胞下沉后，上层即为血浆。

### （五）组织的采集方法及流程

所需病料按无菌操作方法从新鲜尸体中采集。剖开腹腔后，注意不要损坏肠道黏膜组织。可用一套新消毒的器械切取所需器官的组织块，每个组织块应单独放在已消毒的容器内，容器壁上注明日期、组织或动物名称注意防止组织间相互污染。

采样种类

（1）病原分离样品的采集

用于微生物学检验的病料应新鲜，尽可能地减少污染。用于细菌分离的样品的采集，首先以烧红的刀片烫烙脏器表面，在烧烙部位刺一孔，然后用灭菌后的铂耳伸人孔内，取少量组织或液体，作涂片镜检或划线接种于适宜的培养基上。

（2）组织病理学检查样品的采集

采集包括病灶及临近正常组织的组织块，立即放入 10 倍于组织块的 10% 福尔马林溶液中固定。组织块厚度不超过 0.5cm，切成 1~2cm$^2$。组织块切忌挤压、刮摸和用水洗。如果作冷冻切片用，则将组织块放在 0~4℃ 容器中，尽快送实验室检验。

（3）肠内容物或粪便

可将带有粪便的肠管两端结扎，从两端剪断送检。从体外采集粪便，应力求新鲜。

（4）呼吸道、泄殖腔拭子

应用灭菌的棉拭子采集鼻腔、咽喉或气管内的分泌物，蘸取分泌物后立即将拭子浸入保存液中，密封低温保存常用的保存液有 pH 值为 7.2~7.4 的灭菌肉汤或磷酸盐缓冲盐水，如准备将待检标本接种组织培养，则保存于含 0.5% 乳蛋白水解物的汉克氏（Hanks）液中。一般每支拭子需保存液 5ml。

（5）液体病料

采集胆汁、脓液、黏液或关节液等样品时，用烫烙法消毒采样部位，再用灭菌吸管、毛细吸管或注射器经烫烙部位插入，吸取内部液体材料，然后将材料注入灭菌的试管中，塞好棉塞送检也可用接种环经消毒的部位插入，提取病料直接接种在培养基上。

## （六）病料采集方法图示

对于采集病料样本的人员需要按照一定先后顺序有条理地进行操作。因此，我们根据多年的实际工作经验，总结归纳出了较为简单易操作的流程，并配有彩色图片加以说明，如图 2-67、图 2-68、图 2-69、图 2-70、图 2-71、图 2-72、图 2-73 和图 2-74 所示。

图 2-67　采集病鸡泄殖腔棉拭子

图 2-68　采集病鸡咽喉棉拭子

图 2-69　将棉拭子放入病毒保存液的试管中

图 2-70　肝脏样品的采集

图 2-71　肺的采集

图 2-72　泄殖腔的采集

图 2-73　喉头的采集

图 2-74　粪便的采集

## 三、样品保存和运输

1. 样品的保存

必须要严格执行温度控制，防止发生反复冻融，以致影响抗原和抗体的效价。采集的样品要及时检测，防止间隔时间过长，导致血中的抗体、抗原自行溶解、消失。

2. 样品的运输

在样品运输的各个环节中，一定要要防止污染环境，要在样品上标明联系方式，危害及补救措施。危害较大的检测样品要求有专门管理人员或运输者运送。

# 第八节　综合判定

疫情的确认包括以下因素：出现流行病学指标、病理变化、临床指标、实验室检测结果。疫情可以分为以下几种情况：监测阳性病例、疑似病例、确诊病例。

1. 监测阳性病例

病原学或感染抗体检测结果为阳性，但没有出现临床症状的病例。

2. 疑似病例

符合流行病学指标、病理变化、临床指标的病例。

3. 确诊病例

符合流行病学指标、病理变化、临床指标并且实验室检测结果为阳性的病例。

# 第三章 鸡病诊断技术与方法

## 第一节 传染病诊断技术

### 一、禽流感诊断技术

禽流感，全名禽类流行性感冒，是由 A 型流感病毒引起的禽类急性高度接触性传染病，传播迅速，呈流行性或大流行。禽流感病毒感染后可以表现为轻度的呼吸道症状、消化道症状，死亡率较低；或表现为较为严重的全身性、出血性、败血性症状，死亡率较高。这种症状上的不同，主要由禽流感病毒的毒力所决定。该病又称真性鸡瘟或欧洲鸡瘟。

根据禽流感病毒致病性的不同，可以将禽流感分为高致病性禽流感、低致病性禽流感和无致病性禽流感。禽流感病毒有不同的亚型，由 H5、H7 和 H7N9 亚型毒株（以 H5N1、H7N7 和 H7N9 为代表）所引起的疾病称为高致病性禽流感（HPAI），近年来在国内外由 H5N1 亚型引起的禽流感即为高致病性禽流感。

### （一）病原

1. 禽流感病毒属于正粘病毒科，流感病毒属

病毒基因组由 8 个负链的单链 RNA 片段组成，膜上含有血凝素（HA）和神经氨酸酶（NA）活性的糖蛋白纤突。根据抗原性的不同，可分为 A、B、C 三型，其特异性由核蛋白（NP）和基质（M）抗原的抗原性质决定。根据血凝素和神经氨酸酶的抗原特性，将 A 型流感病毒分成不同的亚型。目前，有 16 种特异的 HA 和 9 种特异的 NA 亚型。

2. 流感病毒属分节段 RNA 病毒，不同毒株间基因重组率很高，流感病毒抗

原性变异的频率快

其变异主要以两种方式进行：抗原漂移和抗原转变。抗原漂移可引起 HA 和（或）NA 的次要抗原变化，而抗原转变可引起 HA 和（或）NA 的主要抗原变化。单一位点突变就能改变表面蛋白的结构，因此，也改变了它的抗原或免疫学特性，导致产生抗原性的变异体。

3. 流感病毒特点

流感病毒对热、脂溶性溶剂、酸、碘蒸汽、碘溶液和乙醚敏感，紫外线、阳光和普通消毒药易杀灭病毒。

## （二）流行病学

1. 流行病学特点

（1）常见畜禽品种

鸡、火鸡、鸭、鹅、鹌鹑、雉鸡、鹧鸪、鸵鸟、孔雀等多种禽类易感，多种野鸟也可感染发病。

（2）传染源

主要为病禽（野鸟）和带毒禽（野鸟）。病毒可长期在污染的粪便、水等环境中存活。

（3）病毒传播途径

主要通过接触感染禽（野鸟）及其分泌物和排泄物、污染的饲料、水、蛋托（箱）、垫草、种蛋、鸡胚和精液等媒介，经呼吸道、消化道感染，也可通过气源性媒介传播。

2. 临床症状

① 急性发病死亡或不明原因死亡，潜伏期从几小时到数天，最长可达 21d。

② 脚鳞出血。

③ 鸡冠出血或发绀、头部和面部水肿。

④ 鸭、鹅等水禽可见神经和腹泻症状，有时可见角膜炎症，甚至失明。

⑤ 产蛋突然下降，产畸形蛋增多。

3. 病理变化

① 消化道、呼吸道黏膜广泛充血、出血；腺胃黏液增多，可见腺胃乳头出血，腺胃和肌胃之间交界处黏膜可见带状出血。

② 心冠及腹部脂肪出血。

③ 输卵管的中部可见乳白色分泌物或凝块；卵泡充血、出血、萎缩、破裂，有的可见"卵黄性腹膜炎"。

④ 脑部出现坏死灶、血管周围淋巴细胞管套、神经胶质灶、血管增生等病变；胰腺和心肌组织局灶性坏死。

4. 血清学指标

① 未免疫禽 H5、H7 或 H9 的血凝抑制（HI）效价达到 24 及以上。

② 禽流感琼脂免疫扩散试验（AGID）阳性。

5. 流行病原学指标

① 反转录 – 聚合酶链反应（RT–PCR）检测，结果 H5、H7 或亚型禽流感阳性。

② 通用荧光反转录 – 聚合酶链反应（荧光 RT–PCR）检测阳性。

③ 神经氨酸酶抑制（NI）试验阳性。

④ 静脉内接种致病指数（IVPI）大于 1.2 或用 0.2ml 1：10 稀释的无菌感染流感病毒的鸡胚尿囊液，经静脉注射接种 8 只 4~8 周龄的易感鸡，在接种后 10d 内，能致 6~7 只或 8 只鸡死亡，即死亡率 ≥ 75%。

⑤ 对血凝素基因裂解位点的氨基酸序列测定结果与高致病性禽流感分离株基因序列相符（由国家参考实验室提供方法）。

6. 结果判定

（1）临床怀疑病例

符合本章前述禽流感（二）流行病学特点和临床指标第 1 条内容，且至少符合其他临床指标或病理指标之一的。

非免疫禽符合本章前述禽流感（二）流行病学特点和临床指标第 1 条内容，且符合本章前述禽流感（二）流行病学中血清学指标第 1 条和第 2 条内容的判断之一。

（2）疑似病例

临床怀疑病例且符合本章前述禽流感（二）流行病原学指标第 1 条、第 2 条和第 3 条内容的判断之一。

（3）确诊病例

疑似病例且符合本章前述禽流感（二）流行病原学指标第 4 条或第 5 条内容

的判断。

## （三）防治

1. 平时做好免疫接种工作

及时使用符合当地流行毒株的疫苗进行免疫接种；加强免疫抗体的跟踪监测，并做好免疫效果评价。活疫苗的免疫效果判定：商品代肉雏鸡第二次免疫 14d 后，进行免疫效果监测。鸡群免疫抗体转阳率 ≥ 50% 判定为合格。灭活疫苗的免疫效果判定：家禽免疫后 21d 进行免疫效果监测。禽流感抗体血凝抑制试验（HI）抗体效价 ≥ 24 判定为合格。存栏禽群免疫抗体合格率 ≥ 70% 判定为合格。

2. 发现患疫病鸡群须立即采取相关措施

对发病鸡群，及时上报当地兽医行政管理部门，采取相应的控制与扑灭措施。

## （四）典型病理图谱

根据我们的工作实践经验，针对家禽疫病的常见外部表象和剖检过程及其特征，我们总结和归纳例举出以下典型病理彩色图谱，并配有文字加以说明，以便读者进行识别，具体如图 3-1、图 3-2、图 3-3、图 3-4、图 3-5、图 3-6、图 3-7、图 3-8、图 3-9、图 3-10、图 3-11、图 3-12、图 3-13、图 3-14、图 3-15、图 3-16 和图 3-17 所示。

图 3-1 发病鸡所产蛋大小不等

图 3-2 病鸡面部肿胀

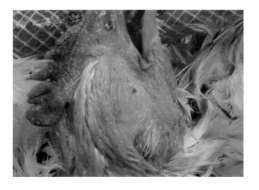

图 3-3　病鸡面部肿胀和鸡冠淤血

图 3-4　病鸡面部肿胀

图 3-5　卵泡充血

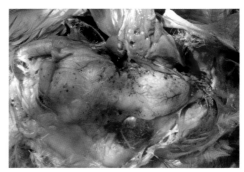

图 3-6　腺胃肌胃脂肪出血

图 3-7　病鸡精神委顿眼睛无神

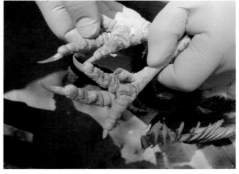

图 3-8　脚鳞下有出血

图 3-9 病鸡出现神经症状——歪脖

图 3-10 腺胃乳头出血

图 3-11 卵泡出血

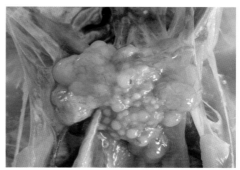

图 3-12 卵泡溶解

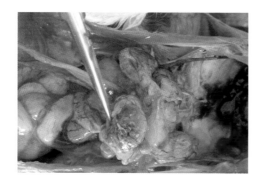

图 3-13 卵泡坏死

图 3-14 卵泡萎缩和溶解

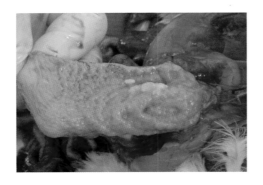

图 3-15　输卵管黏膜分泌物增多

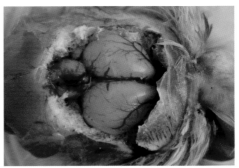

图 3-16　脑组织水肿

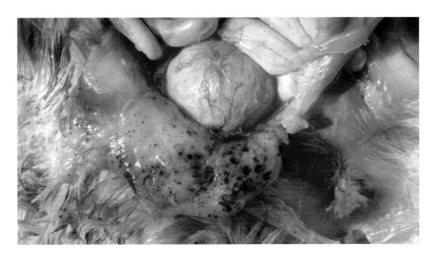

图 3-17　脂肪严重出血

## 二、新城疫诊断技术

新城疫（Newcastle Disease, ND）是由新城疫病毒引起禽的一种急性、热性、败血性和高度接触性传染病。以高热、呼吸困难、下痢、神经紊乱、黏膜和浆膜出血为特征。具有很高的发病率和病死率，是危害养禽业的一种主要传染病。OIE 将其列为 A 类疫病。

## （一）病原

1. 新城疫病毒特点

该病毒为副黏病毒科禽腮腺炎病毒属（Avulavirus）的禽副黏病毒 I 型（APMV-1）。病毒存在于病禽的所有组织器官、体液、分泌物和排泄中，以脑、脾、肺含毒量最高，以骨髓含毒时间最长。在低温条件下抵抗力强，在 4℃可存活 1~2 年，-20℃时能存活 10 年以上；真空冻干病毒在 30℃可保存 30d，15℃可保存 230d；不同毒株对热的稳定性有较大的差异。

2. 新城疫病毒存活特点

该病毒对消毒剂、日光及高温抵抗力不强，一般消毒剂的常用浓度即可很快将其杀灭，很多种因素都能影响消毒剂的效果，如病毒的数量、毒株的种类、温度、湿度、阳光照射、贮存条件及是否存在有机物等，尤其是以有机物的存在和低温的影响作用最大。

## （二）流行病学

1. 鸡、野鸡、火鸡、珍珠鸡、鹌鹑易感

其中，以鸡最易感，野鸡次之。不同年龄的鸡易感性存在差异，幼雏和中雏易感性最高，两年以上的老鸡易感性较低。水禽如鸭、鹅等也能感染本病，但它们一般不能将病毒传给家禽。像鸽、斑鸠、乌鸦、麻雀、八哥、老鹰、燕子以及其他自由飞翔的或笼养的鸟类，大部分也能自然感染本病或伴有临诊症状或取隐性经过。

2. 病鸡是本病的主要传染源

鸡感染后临床症状出现前 24h，其口、鼻分泌物和粪便就有病毒排出。病毒存在于病鸡的所有组织器官、体液、分泌物和排泄物中。在流行间歇期的带毒鸡，也是本病的传染源。鸟类也是重要的传播者。病毒可经消化道、呼吸道，也可经眼结膜、受伤的皮肤和泄殖腔黏膜侵入机体。

3. 该病一年四季均可发生，但以春秋季较多

鸡场内的鸡一旦发生本病，可于 4~5d 内波及全群。

## （三）临床诊断

① 病禽高度沉郁、下痢，粪便呈黄绿色或白色水样。

② 病禽呼吸困难，张口呼吸，倒提时嘴角出酸臭的液体，咳嗽、流涕，并发出"咯咯"的喘鸣音或尖叫声。

③ 鸡冠和肉髯渐变暗红或暗紫色，不能站立，1~3d后麻痹痉挛而死。

④ 非典型或慢性鸡新城疫出现脚、翅膀瘫痪，头颈向后或扭向一侧，常伏地旋转等神经症状。

⑤ 在免疫禽群表现为产蛋率下降。

## （四）病理剖解诊断

① 病禽全身黏膜和浆膜出血，以呼吸道和消化道最为严重。

② 病禽腺胃黏膜水肿，乳头和乳头间有出血点。

③ 病禽盲肠扁桃体肿大、出血、坏死。

④ 病禽十二指肠和直肠黏膜出血，有的可见纤维素性坏死病变，尤以十二指肠升段、卵黄蒂、空肠段最为明显。

⑤ 病禽脑膜充血和出血；鼻道、咽喉、气管黏膜充血，偶有出血，肺叶可见淤血和水肿。

## （五）实验室诊断

1. 病原学诊断

① 病毒分离与鉴定，依据病理剖检结果作为参考数据之一。

② 鸡胚死亡时间（MDT）低于90h。

③ 采用脑内接种致病指数测定（ICPI），ICPI达到0.7以上者。

④ F蛋白裂解位点序列测定试验，分离毒株 $F_1$ 蛋白 N 末端 117 位为苯丙酸氨酸（F）， $F_2$ 蛋白 C 末端有多个碱性氨基酸的。

⑤ 静脉接种致病指数测定（IVPI）试验，IVPI值为2.0以上的。

2. 血清学诊断

微量红细胞凝集抑制试验（HI）。

## （六）确诊依据

1. 疑似鸡新城疫结果判定依据

① 符合流行病学特点；②临床症状；③病理变化；④病理剖解诊断的特点，

且能排除高致病性禽流感和中毒性疾病的可以作出初步诊断。

2．确诊

（1）非免疫禽符合结果判定

符合前述疑似新城疫诊断依据①、②、③和④说明内容，且血凝抑制试验滴度高于 $4log_2$，或者采取病原学诊断前述五项中后一项病原学诊断技术结果阳性的可以确诊为鸡新城疫。

（2）免疫禽符合结果

符合前述疑似新城疫诊断依据①、②、③和④说明内容，且采取前述五项中病原学诊断第 1 条内容任一项进行诊断阳性者可以确诊。

## （七）防治

① 加强饲养管理，定期做好消毒，防止病原侵入。

② 坚持全进全出的生物安全制度，至少做到以圈舍为单位的全进全出制度。

③ 使用有效的疫苗，制定合理的免疫程序。当前主要使用的疫苗鸡新城疫四系、结合油苗免疫效果较好。

④ 加强免疫抗体的检测，利用血凝抑制试验滴度在 $5log_2$ 以下就应补免。或在血凝抑制试验滴度离散度大，就应用新城疫四系饮水免疫，配合新城疫油苗注射免疫来整齐鸡群免疫水平。

## （八）典型病理图谱

在诊断病禽患新城疫特征时，由于其病症不十分明显，常常误判而耽误最佳治疗时机。为此，我们针对新城疫常见外部表象和剖检过程及其特征，总结和归纳出以下典型病理彩色图谱，并配有文字加以说明，以便读者进行识别。具体如图 3-18、图 3-19、图 3-20、图 3-21、图 3-22、图 3-23、图 3-24 和图 3-25 所示。

图 3-18　病鸡神经症状头颈扭向一侧

图 3-19　腺胃乳头轻度出血

图 3-20　腺胃乳头肿胀出血

图 3-21　小肠浆膜面可见枣核样出血、溃疡

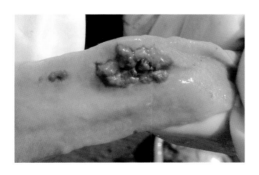

图 3-22　小肠黏膜枣核样溃疡

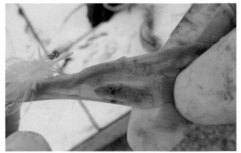

图 3-23　小肠黏膜枣核样溃疡

图 3-24 腺胃乳头典型出血

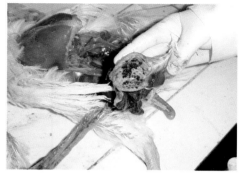

图 3-25 腺胃乳头严重出血

## 三、法氏囊病诊断技术

传染性法氏囊病（Infections Bursal Disease, IBD）, 又称冈博罗病（Gumboro Disease）、传染性腔上囊炎，是由双 RNA 病毒科禽双 RNA 病毒属病毒引起幼鸡的一种急性、高度接触性和免疫抑制性的禽类传染病。该病发病率高、病程短。主要症状是腹泻、颤抖、极度虚弱。法氏囊、肾脏病变和腿肌胸肌出血，腺胃和肌胃交界处带状出血为特征。我国将其列为二类动物疫病。

### （一）病原

（1）鸡传染性法氏囊病毒（IBDV）属于双 RNA 病毒科, 双 RNA 病毒属的病毒

IBDV 有两个血清型, Ⅰ型病毒从鸡体内分离，共分 6 个亚型，每个亚型可认为是一个病毒群，对鸡具有致病力。血清Ⅱ型是从火鸡体内分离，对鸡和火鸡没有致病力，两个血清型病毒的相关性较小，交叉保护力差。

（2）该病毒对乙醚、氯仿、胰蛋白酶具有抵抗力

在酸性（pH 值为 3）、中性、碱性条件下稳定，但在碱性（pH 值为 12）条件下可失去致病力。3% 煤酚皂、0.2% 过氧乙酸、2% 次氯酸钠、5% 漂白粉、3%石炭酸、3% 福尔马林、0.1% 升汞溶液 30min 可使其灭活。

### （二）流行特点

① 主要感染鸡、火鸡、鸭、珍珠鸡和鸵鸟等也可感染。火鸡多呈隐性感染。

② 在自然条件下，3~6 周龄鸡最易感。本病在易感鸡群中发病率在 90% 以上，甚至可达 100%，死亡率一般为 20%~30%。与其他病原混合感染时或超强毒株流行时，死亡率可达 60%~80%。

③ 本病流行特点是无明显季节性、突然发病、发病率高、死亡曲线呈尖峰式；如不死亡，发病鸡多在 1 周左右康复。

④ 本病主要经消化道、眼结膜及呼吸道感染。在感染后 3~11d 排毒达到高峰。由于该病毒耐酸、耐碱，对紫外线有抵抗力，在鸡舍中可存活 122d，在受污染饲料、饮水和粪便中 52d 仍有感染性。

## （三）临床症状

① 本规范规定本病的潜伏期一般为 7d。

② 临床表现为昏睡、呆立、翅膀下垂等症状。

③ 病禽以排白色水样稀便为主，泄殖腔周围羽毛常被粪便污染。

## （四）病理变化

1. 剖检病变

（1）患病鸡病症特征

感染发生死亡的鸡通常呈现脱水，胸部、腹部和腿部肌肉常呈现条状、斑点状出血。

（2）死亡及病程后期的鸡肾肿大，尿酸盐沉积

法氏囊先肿胀、后萎缩。在感染后 2~3d，法氏囊呈胶冻样水肿，体积和重量会增大至正常的 1.5~4 倍；偶尔可见整个法氏囊广泛出血，如紫色葡萄状；感染 5~7d 后，法氏囊会逐渐萎缩，重量为正常的 1/5~1/3，颜色由淡粉红色变为蜡黄色；但法氏囊病毒变异株可在 72h 内引起法氏囊的严重萎缩。感染 3~5d 的法氏囊切开后，可见有多量黄色黏液或奶油样物，黏膜充血、出血，并常见有坏死灶。

（3）感染鸡的胸腺可见出血点

脾脏可能轻度肿大，表面有弥漫性的灰白色的病灶。

2. 组织学病变

主要是法氏囊、脾脏、哈德逊氏腺和盲肠扁桃体内的淋巴组织的变性和坏死。

## （五）实验室诊断

1. 病原分离鉴定

依据病理剖检结果作为参考数据之一。

2. 免疫学诊断

琼脂凝胶免疫扩散试验、病毒血清微量中和试验、酶联免疫吸附试验。

## （六）结果判定

1. 疑似鸡法氏囊结果判定依据

① 根据流行病学；②临床症状；③和病理变化；④可以做出疑似诊断结果。

2. 确诊

在做出前述疑似法氏囊病诊断结果作为判定依据结果判定（六）第 1 条内容的提前下，通过分离出病毒确诊。

## （七）防治

① 加强兽医卫生防疫措施。平时要注意对环境、禽舍、用具做好消毒工作，尤其是育雏室。

② 提高种鸡的母源抗体水平，确保雏鸡获得整齐和高水平的母源抗体。

③ 做好雏鸡免疫接种工作。根据当地流行情况选择合适的疫苗进行免疫接种。

## （八）典型病理图谱

通过我们在家禽防疫工作的长期实践，针对传染性法氏囊病的常见外部表象和剖解流程及其特征，我们总结和归纳并例举出以下典型病理彩色图谱，并配有文字加以说明，以便读者进行识别，具体如图 3-26、图 3-27、图 3-28、图 3-29、图 3-30 和图 3-31 所示。

图 3-26　腿肌出血

图 3-27　法氏囊肿胀

图 3-28　法氏囊出血严重

图 3-29　法氏囊水肿，黏膜上有分泌物附着

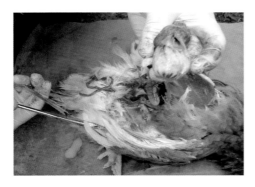

图 3-30　腺胃与肌胃交界处有出血带

图 3-31　肾脏肿胀，内有尿酸盐

## 四、鸡传染性喉气管炎诊断技术

鸡传染性喉气管炎是由禽疱疹病毒Ⅰ型引起鸡的一种急性接触性传染病，呈地方性流行，临床主要以剧烈咳嗽（咳血）、气喘、高度呼吸困难、流泪和气管内有血样渗出物为特征的急性呼吸道传染病。

### （一）病原

病原为禽疱疹病毒Ⅰ型病毒，俗称鸡传染性喉气管炎病毒，属于疱疹病毒科，甲型疱疹病毒亚科，传染性喉气管炎病毒属。

病毒对鸡的红细胞没有凝集作用，对外界抵抗力较弱，对常用消毒药敏感。例如，使用3%来苏尔、1%氢氧化钠和5%石炭酸，在1min左右就可杀灭该病毒；甲醛、碘伏、过氧乙酸和含氯消毒剂均能起到很好的消毒作用。

### （二）流行病学

本病呈现地方性流行特征，各种年龄的鸡均易感染，但以14周龄以上的成年鸡易感性极高，且临床症状最为典型。本病多发生于秋冬、早春等气候较为寒冷的季节。

本病主要通过病鸡和污染物传播，呼吸道、消化道和眼结膜是病毒入侵门户，需要特别注意。

### （三）临床症状

1. 温和型

主要侵害雏鸡和幼龄鸡，外部患病表象主要以眼结膜炎为主。同时，表现一定程度的咳嗽和气喘症状。

2. 急性型

主要侵害中成鸡，外部患病表象主要表现为急性发作，发病突然、传播迅速、发病率高。

病鸡伸颈、张口作喘，不断咳嗽，并能咳出带血物。在鸡笼周围可找到带血痰液。有的病鸡在眼眶周围可见有干酪样分泌物附着。

## （四）病理变化

1. 温和型

气管病理变化较为轻微，仅可见气管、喉头轻度出血和渗出物。

2. 急性型

喉头、气管有干酪样渗出物，有时堵塞气管，渗出物呈现黄色或暗红色柱状物。气管黏膜水肿、出血。有时形成溃疡。

病鸡上下眼睑粘连，眼角周围、眼眶内可见到干酪样渗出物。

## （五）实验室诊断

可以用病毒分离鉴定、免疫荧光试验、酶联免疫吸附试验、聚合酶链式反应、琼脂扩散试验、病毒中和试验、间接免疫荧光试验开展实验室诊断。

## （六）诊断

根据流行病学、临床症状和病理变化可作出初步诊断，确诊需要结合实验室诊断结果判定。

## （七）防治

① 平时做好综合预防措施，杜绝从病源地引进鸡只，并做好消毒和隔离工作，坚持全进全出制度。

② 对疫点和受威胁区一般采取疫苗免疫接种的办法来防治本病，非疫区一般不作疫苗免疫。

③ 对发病鸡群，早期采用疫苗进行紧急免疫接种，并在饮水或饲料中投喂抗菌素控制细菌继发感染，并使用止咳平喘中药进行对症治疗以减少经济损失。

## （八）典型病理图谱

在诊断鸡传染性喉气管炎病症时，鉴于其特征不显著，而延迟最佳治愈时间。所以，我们通过长期实践并总结和归纳以下典型病理彩色图谱，并配有文字说明，以便读者进行识别。具体如图 3-32、图 3-33、图 3-34、图 3-35 和图 3-36 所示。

图 3-32　病鸡眼眶内附着黄色干酪样物，
　　　　　眼结膜水肿

图 3-33　病鸡眼眶内分泌物增多，并有白
　　　　　色物附着，眼结膜水肿，并附着黄色物

图 3-34　病鸡喉头下方气管内有柱状干酪物

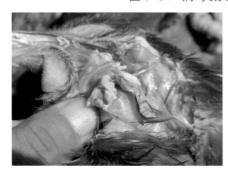

图 3-35　病鸡喉头处有黄色干酪物附着

图 3-36　病鸡喉头、气管出血

## 五、传染性支气管炎诊断技术

鸡传染性支气管炎（IB）是由病毒引起鸡的一种急性、高度接触性呼吸道传染病。其特征是发病鸡咳嗽、喷嚏和伴有气管啰音。在雏鸡还可出现流涕，产蛋鸡产

蛋量率降低和蛋的质量下降。肾型传支能引发肾脏肿大、有尿酸盐沉积等症。

## （一）病原

鸡传染性支气管炎病毒是单股 RNA 病毒，属于冠状病毒科，冠状病毒属的成员。病毒有多种血清型，各型之间没有或仅有部分交叉免疫原性。在我国，主要流行的病毒株是：H120、H52、Ma5 和 M41。多数血清型主要引起鸡的呼吸道症状，少数血清型着则引起明显的肾病变型，不引起或者有轻微的呼吸道症状。

病毒用一般消毒剂就可将其杀死。例如，使用 0.01% 的高锰酸钾、1% 福尔马林和 70% 酒精，在 3min 左右就能将其杀死。

## （二）流行病学

① 鸡是传染性支气管炎病毒的自然宿主，其他家禽不易感。

② 该病在鸡群中发病急、传播速度快。

③ 各种年龄的鸡都可发病，但以雏鸡发病最为严重，尤以 30 日龄以内的雏鸡极易感染。

④ 本病一年四季均可发生，但以冬春季节发病多见。死亡率一般在 5%~25%。

## （三）临床症状

① 病鸡可见伸颈、张口呼吸、咳嗽、喷嚏、气管啰音（夜间更为明显），个别病鸡流鼻涕、流眼泪。

② 病鸡精神委顿，行步吃力，排泄白色稀便，翅膀下垂。

③ 产蛋鸡产蛋率下降，在恢复期产畸形蛋（波状蛋、细长蛋、曲形蛋）、粗壳蛋、薄壳蛋、软壳蛋、褪色蛋等，其蛋清和蛋黄分离，蛋清稀薄如水或浑浊。

## （四）病理变化

1. 呼吸系统

鼻、喉、气管、支气管有卡他性炎症，气管黏膜出血水肿，严重者在气管内附着干酪样渗出物，尤以气管下 1/3 处最为明显。

2. 生殖器官

产蛋鸡卵巢、卵泡充血、出血，并出现软乱、破乱，有时可见卵黄坠入腹腔。输卵管发炎，严重时阻塞。

3. 肾脏

肾脏肿大苍白，输尿管、肾小管内充满白色尿酸盐，肾脏呈槟榔样花斑肾。

## （五）诊断

① 病毒进行分离。

② 琼脂扩散试验。

③ 免疫荧光抗体技术。

④ 酶联免疫吸附试验。

⑤ 病毒中和试验。

## （六）结果判定

1. 疑似鸡传染性支气管炎结果判定依据

根据本章前述流行病学（二）中第 2 条内容、本章前述临床症状（三）中第 3 条内容和本章前述病理变化 3 项内容可以作出疑似诊断结果。

2. 确诊

在做出疑似鸡传染性支气管炎诊断结果判定的提前下，通过诊断（五）中第 1 条内容或诊断（五）中第 5 条项内容作出确诊。

## （七）防治

① 严格做好动物防疫、检疫等公共卫生措施。

② 加强禽舍通风换气，使鸡群密度不要太大，并注意保持合适的禽舍温度。

③ 饲喂全价日粮，加强饲养管理，在饲料中适当添加维生素、矿物质饲料和微量元素，以增强鸡只耐病能力和抵抗力。

④ 选择适合当地流行株疫苗，对雏鸡进行合理的免疫接种。

## （八）典型病理图谱

图 3-37 和图 3-38 是鸡患有传染性支管炎典型病理的彩色图片，可供读者识别和诊断参考。

图 3-37　病鸡肾脏肿大，内有白色尿酸盐

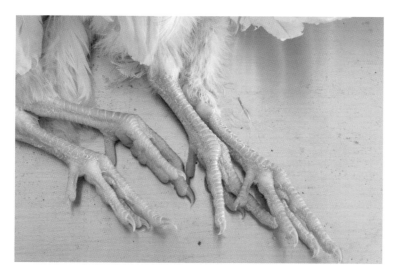

图 3-38　病鸡由于拉稀脱水致使腿爪脱水严重

## 六、禽白血病诊断技术

禽白血病是由禽白血病／肉瘤病毒群中的病毒引起的禽类多种肿瘤性疾病的统称，在自然条件下以淋巴白血病最为常见，其他如成红细胞白血病、成髓细胞白血病、髓细胞瘤、纤维瘤、纤维肉瘤、肾母细胞瘤、血管瘤和骨石症等出现频率很低。世界各地均有本病存在，大多数鸡群均感染病毒，但出现临诊症状的病鸡数量较少。由于 20 世纪 70 年代，在蛋种鸡群和 90 年代在肉种鸡群实施消灭计划，目前商业种鸡群中外源性禽淋巴白血病病毒（ALV）的流行率已不如以前高了。本病在经济上的重要性主要表现在 3 个方面：一是通常在鸡群造成 1% ～ 2% 的死亡率，偶见高达 20% 或以上者；二是引起很多生产性能下降，尤其是产蛋和蛋质下降；三是造成感染鸡群的免疫抑制。20 世纪 90 年代，出现 J 亚群白血病后更是严重威胁肉鸡业的发展。本节主要介绍禽淋巴白血病。

### （一）病原

1. 禽白血病／肉瘤病毒群（Viruses of the leukosis/Sarcomagroup）中的病毒过去在分类上属反录病毒科，禽 C 型反转录病毒群，俗称禽 C 型肿瘤病毒

最近被称为 α 反录病毒（Alpharetroviruses），这群病毒的成员有相似的物理和分子特性，并有共同的群特异抗原。群中的成髓细胞白血病病毒（AMV）、成红细胞白血病毒（AEV）和肉瘤病毒等，因带有特异的病毒肿瘤基因，引起肿瘤转化迅速，在几天至几周内即可形成肿瘤。而淋巴白血病病毒（LLV）缺乏转化基因，致瘤速度慢，需 3 个月以上；据信这种肿瘤转化是通过病毒激活与病毒肿瘤基因同源的细胞基因（原癌基因）而发生的。

2. 根据囊膜糖蛋白抗原差异，对不同遗传型 CEF 的宿主范围和各病毒之间的干扰情况，本群病毒被分为 A 亚群、B 亚群、C 亚群、D 亚群、E 亚群 和 J 亚群等

A 亚群和 B 亚群的病毒是现场常见的外源性病毒；C 亚群和 D 亚群病毒在现场很少发现；而 E 亚群病毒则包括无所不在的内源性白血病病毒，致病力低；J 亚群病毒则是 1989 年从肉用型鸡中分离到的，与肉鸡的髓细胞性白血病有关。和 A 亚群、B 亚群一样，J 亚群也是商品鸡群中最常分离到的病毒。此外，从一些禽类中还分离到 F 亚群病毒、G 亚群病毒、H 亚群病毒 和 I 亚群病毒。

3.本群病毒在形态上是典型的 C 型肿瘤病毒

感染细胞超薄切片中的病毒粒子呈球形，其内部为直径约 35~45nm 的电子密度大的核心，外面是中层膜和外层膜。整个病毒粒子直径 80~120nm，平均 90nm。

4.本群中的肉瘤病毒，接种 11 日龄鸡胚绒尿膜，在 8d 后可产生痘斑；接种 5~8d 龄鸡胚卵黄囊则可产生肿瘤；接种 1 日龄雏鸡的翅蹼，也可产生肿瘤

肉瘤病毒可在 CEF 上生长，产生转化细胞灶，常用于病毒的定量测定。包括 LLV 在内的大多数禽白血病病毒可在敏感的 CEF 上复制，但不产生任何明显病理变化，它们的存在可用多种试验检查出来。

5.白血病 / 肉瘤病毒对脂溶剂和去污剂敏感，对热的抵抗力弱

病毒材料需保存在 –60℃以下，在 –20℃很快失活。本群病毒在 pH 值在 5~9 稳定。

## （二）流行病学

1.鸡是本群所有病毒的自然宿主

Rous 肉瘤病毒（RSV）宿主范围最广，人工接种在野鸡、珠鸡、鸭、鸽、鹌鹑、火鸡和鹧鸪也可引起肿瘤。不同品种或品系的鸡对病毒感染和肿瘤发生的抵抗力差异很大。ALV–J 主要引起肉鸡的肿瘤和其他病征，但最近研究表明，该病毒也可引起商品白壳蛋鸡的感染并发生肿瘤，感染可能是在同一孵化器的 1 日龄蛋鸡和肉鸡接触引起的。

2.外源性 LLV 有两种传播方式

垂直传播和水平传播。垂直传播在流行病学上十分重要，因为它使感染从一代传到下一代。大多数鸡通过与先天感染鸡的密切接触获得感染。因为病毒不耐热，在外界存活时间短，感染不易间接接触传播。J 亚群 ALV 在肉鸡群的水平传播效率比其他外源 ALV 高得多，并能导致免疫耐受（持续的病毒血症和缺乏抗体），接着排毒并通过种蛋产生垂直传播。

3.成年鸡的 LLV 感染有 4 种情况

无病毒血症又无抗体（$V^-A^-$）；无病毒血症，而有抗体（$V^-A^+$）；有病毒血症又有抗体（$V^+A^+$）；有病毒血症而无抗体（$V^+A^-$）。先天感染的胚胎对病毒发生免疫耐受，出壳后成为 $V^+A^-$ 鸡，血液和组织含毒很高，到成年时母鸡把病毒传给子代有相当高比例。先天感染与母鸡向蛋白排毒和阴道存在病毒有关，电镜检查显示

输卵管膨大部病毒复制的浓度很高。感染胚胎的胰腺积聚大量病毒，可从新出壳鸡的粪便中排出，传染性很强。

4. 通常感染鸡只有一小部分发生淋巴白血病（LL）

但不发病的鸡可带毒并排毒。$V^+A^-$ 鸡死于 LL 的比 $V^-A^+$ 鸡高好几倍。出生后最初几周感染病毒，LL 发病率高，感染的时间后移，则发病率明显下降。

5. 内源性白血病病毒常通过公鸡和母鸡的生殖细胞遗传传递

多数有遗传缺陷，不产生传染性病毒粒子，少数无缺陷，在胚胎或幼雏也可产生传染性病毒，像外源病毒那样传递，但大多数鸡对它有遗传抵抗力。内源病毒无致瘤性或致瘤性很弱。

## （三）临诊症状和病理变化

1. 淋巴白血病（LL）的潜伏期长

以标准毒株（如 RPR12）接种易感胚或 1~14d 易感雏鸡，在 14~30 周发病。自然病例可见于 14 周龄后的任何时间，但通常以性成熟时发病率最高。

2. LL 无特异临诊症状，可见鸡冠苍白、皱缩，间或发绀

食欲不振、消瘦和衰弱。腹部增大，可触摸到肿大的肝、法氏囊或肾。一旦显现临诊症状，通常病程发展很快。

3. 隐性感染可使蛋鸡和种鸡的产蛋性能受到严重影响

与不排毒的母鸡相比，排毒母鸡要少产蛋 20~30 枚，性成熟迟，蛋小而壳薄，受精率和孵化率下降。排毒肉鸡的生长速度亦受影响。

4. 肝、法氏囊和脾几乎均有眼观肿瘤，肾、肺、性腺、心、骨髓和肠系膜也可受害

肿瘤大小不一，可为结节性、粟粒性或弥漫性。肿瘤组织的显微变化呈灶性和多中心，即使弥漫性也是如此。肿瘤细胞增生时把正常组织细胞挤压到一边，而不是浸润其间。肿瘤主要由成淋巴细胞组成，大小虽略有差异，但都处于相同的原始发育状态。细胞浆含有大量 RNA，在甲基绿哌咯哼染色片中呈红色。观察细胞特征以新鲜样品的湿固定触片为最好。病鸡外周血液的细胞成分缺乏特征性变化。

5. LL 是依赖于法氏囊的淋巴系统恶性肿瘤，大多数肿瘤结节起源于少数法氏囊细胞的转化，具有克隆性

肿瘤细胞都带 B 细胞标记和 IgM。分子生物学研究显示，病毒启动子基因激活

B 细胞的 *c-myc* 宿主基因，导致肿瘤转化并干扰 B 细胞从 IgM 向 IgG 的调变。

6. ALV-J 感染发病可发生在 4 周龄或更大日龄的肉鸡

产生髓细胞瘤的时间比 ALV-A 产生的成淋巴群细胞瘤要早，4~20 周龄病鸡在肝、脾、肾和胸骨可见病理变化。组织病理学变化的特征是肿瘤由含酸性颗粒的未成熟的髓细胞组成。

7. 成红细胞白血病、成髓细胞白血病、髓细胞瘤等在现场很少发生

此类病征生产上意义不大，但它们在肿瘤的基础研究中起重要作用。

### （四）诊断

1. 主要根据流行病学和病理学检查

LL 需要与 MD 共同鉴别诊断。

2. 病毒分离鉴定和血清学检查在日常诊断中很少使用，但它们是建立无白血病种鸡群所不可缺少的方法

病毒分离的最好材料是血浆、血清和肿瘤，新产下蛋的蛋清、10 日龄鸡胚和粪便中也含有病毒。

表 3-1　用于分离鉴定不同亚型 ALV 的不同纯系 CEF 的易感性

| 纯系 鸡 CEF | 易感的 ALV 亚群 | 用 于 | 参考文献 |
|---|---|---|---|
| Line 15B1（C/O） | A、B、C、D、E、J | 所有的 ALV 的分离 | Crittenden 等，1987 |
| Line0（C/E） | A、B、C、D、J | 外源性 ALV 的分离 | Crittenden 等，1987 |
| Line alv6（C/AE） | B、C、D、J | 排除 A 亚群 ALV | Crittenden 和 Salter，1992 |
| DF-1/J（C/EJ） | A、B、C、D | 排除 J 亚群 ALV | Hunt 等，1999 |

表 3-1 列出的是用于分离鉴定不同亚型 ALV 的不同纯系 CEF 的易感性。它们的存在及亚群鉴定可用下列试验测定。抗力诱导因子试验（RIF）原理是感染白血病病毒的 CEF 在发生同亚群肉瘤病毒的叠加感染时不产生转化细胞灶，所需的条件是对 E 亚群病毒感染有遗传抵抗力而对其他亚群易感的细胞（C/E 细胞）和已知亚群的肉瘤病毒。补体结合试验（COFAL）和 ELISA 可以测定病毒的群特异抗原（p27gag），为了区分是内源性病毒还是外源性病毒的 gs 抗原，需将含毒样品接

种 CEF（C/E 细胞，如表 3-1 中的 line 0 纯系 CEF）。COFAL 和 ELISA 都需要 C/E 细胞和特异抗血清。非产毒细胞激活试验（NP）可用于检查病毒和确定其亚群，原理是囊膜缺陷性 RSV 毒株所转化的细胞，不产生传染性 RSV（NP 细胞），用白血病病毒叠加感染后即产生传染性 RSV，将其上清感染 CEF（C/E）可以测出，作亚群鉴定则需制备有遗传抵抗力的 NP 细胞。表型混合试验（PM）也可用来测定病毒和鉴定其亚群，原理是将 E 亚群 RSV 感染 C/O（对所有亚群均易感）CEF，产生转化细胞，当叠加感染的材料中含有其他亚群的白血病病毒时，可产生其他亚群的 RSV，这可以用 C/E CEF 测定。上述 5 种试验均需一定条件，非一般实验室所能进行。

3. 检测特异抗体的样品以血浆、血清或卵黄为好

RSV 假型（Pseudotype）中和试验可确定过去或现在感染病毒的亚群。检测抗体的间接免疫酶试验和 ELISA 也已有报道。检测抗体对本病的诊断意义不大。

4. PCR 法可用于包括 ALV-J 在内的不同亚群的 ALV 基因的检测

模板 RNA 可从感染鸡样品接种的 CEF 和感染鸡的血液、鸡冠、趾端制备。可设计不同的引物，检查不同亚群的 ALV。例如，有几种引物可用于特异性检测最常见的 A 亚群和新出现的 J 亚群 ALV。免疫组化法可用于受害组织和感染 CEF 中 ALV 的检测，间接免疫荧光法或流式细胞仪也可用于感染细胞的 ALV 检测。

## （五）防制

1. 由于本病可垂直传播，水平传播仅占次要地位

先天感染的免疫耐受鸡是最重要的传染源，所以疫苗免疫对防制的意义不大，目前也没有可用的疫苗。减少种鸡群的感染率和建立无白血病的种鸡群是防制本病最有效的措施。从种鸡群中消灭 LLV 的步骤包括：从蛋清和阴道拭子试验阴性的母鸡选择受精蛋进行孵化；在隔离条件下小批量出雏，避免人工性别鉴定，接种疫苗每雏换针头；测定雏鸡血液是否 LLV 阳性，淘汰阳性雏和与之接触者；在隔离条件下饲养无 LLV 的各组鸡，连续进行 4 代，建立无 LLV 替代群。上述方法由于费时长，成本高，技术复杂，一般种鸡场还不能实行。目前，通常的做法是通过检测和淘汰带毒母鸡以减少感染，在多数情况下均能奏效。因为刚出雏的小鸡对接触感染最敏感，每批之间孵化器、出雏器、育雏室的彻底清扫消毒，均有助于减少来自先天感染种蛋的传播。

2.编码对外源性白血病／肉瘤病毒感染的细胞敏感性和抵抗力的等位基因频率，在商品鸡的品系中差异很大

遗传抵抗力的选择主要是针对占优势的 A 亚群，有时也针对 B 亚群。从长远看抗病遗传也是控制本病的一个重要方面。

## （六）典型病理图谱

根据我们工作的实践经验，针对禽白血病／肉瘤病毒感染的常见外部表象和剖检过程及其特征，我们总结和归纳并例举出以下典型病理彩色图谱，并配有文字加以说明，以便读者进行识别，具体如图 3-39a、图 3-39b、图 3-40、图 3-41、图 3-42、图 3-43、图 3-44、图 3-45、图 3-46、图 3-47、图 3-48a、图 3-48b、图 3-49、图 3-50、图 3-51、图 3-52、图 3-53、图 3-54、图 3-55 和图 3-56 所示。

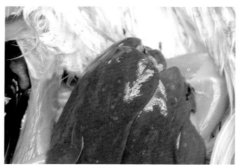

a　　　　　　　　　b

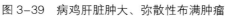
图 3-39　病鸡肝脏肿大、弥散性布满肿瘤

图 3-40　病鸡胸腔、肝脏由于肿瘤而肿大　　　图 3-41　病鸡腺胃、脾脏肿大

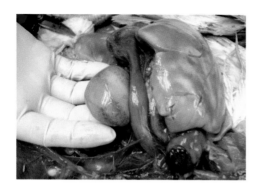

图 3-42 病鸡肝脏、脾脏肿大

图 3-43 病鸡脾脏肿大且布满肿瘤

图 3-44 病鸡消瘦,肝脏布满肿瘤

图 3-45 病鸡肝脏肿大,边缘顿圆

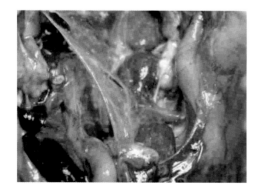

图 3-46 病鸡肾脏因肿瘤而肿大

图 3-47 病鸡严重贫血、消瘦

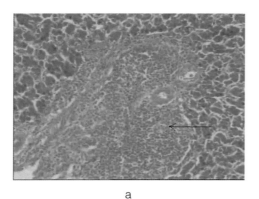 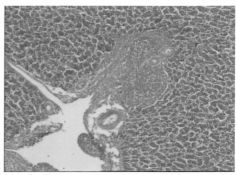

a    b

图 3-48    病鸡肝组织上的肿瘤细胞

图 3-49    病鸡脚鳞出血        图 3-50    病鸡爪鳞出血、溃疡

图 3-51    病鸡爪出血        图 3-52    病鸡鸡冠肉髯贫血

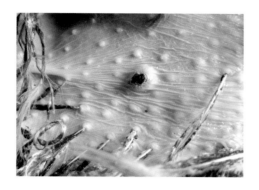

图 3-53 病鸡皮肤苍白、布满肿瘤

图 3-54 病鸡爪出血形成血凝块

图 3-55 病鸡爪形成血肿

图 3-56 病鸡肾脏肿瘤

## 七、马立克氏病诊断技术

马立克氏病（Marek's Disease，简称 MD），是由疱疹病毒科 α 亚群马立克氏病病毒引起的，以危害淋巴系统和神经系统，引起外周神经、性腺、虹膜、各种内脏器官、肌肉和皮肤的单个或多个组织器官发生肿瘤为特征的禽类传染病。我国将其列为二类动物疫病。

### （一）病原

1. MD 病原是一种细胞结合性疱疹病毒，（简称 MDV）

已发现的有三个血清型，Ⅰ 型为致癌性的，Ⅱ 型为非致癌性的，Ⅲ 型是指火鸡疱疹病毒，（简称 HVT）。HVT 与 MDV 有明显区别，对鸡无致病性，但可作为预防 MD 的有效疫苗。

2. 根据 MDV 毒力的强弱分作 3 类

一为温和 MDV（mMDV），是 20 世纪 50 年代以前的主要类型，其代表株为 CU2 株。二为强毒 MDV（vMDV），是 20 世纪 60 年代的主要类型，代表株为 JM、GA 和 HPRS-16 株。三为超强毒 MDV（vvMDV），20 世纪 70 年代末以后的一种类型，代表株为 MD5 和 RBIB 株。

## （二）流行病学

1. 鸡是主要的自然宿主

鹌鹑、火鸡、雉鸡、乌鸡等也可发生自然感染。2 周龄以内的雏鸡最易感。6 周龄以上的鸡可出现临床症状，12~24 周龄最为严重。

2. 病鸡和带毒鸡是最主要的传染源

呼吸道是主要的感染途径，羽毛囊上皮细胞中成熟型病毒可随着羽毛和脱落皮屑散毒。病毒对外界抵抗力很强，在室温下传染性可保持 4~8 个月。

## （三）临床症状

本规范规定本病的潜伏期为 4 个月。

根据临床症状分为 4 个型，即神经型、内脏型、眼型和皮肤型。

1. 神经型

最早症状为运动障碍。常见腿和翅膀完全或不完全麻痹，表现为"劈叉"式、翅膀下垂；嗉囊因麻痹而扩大。

2. 内脏型

常表现极度沉郁，有时不表现任何症状而突然死亡。有的病鸡表现厌食、消瘦和昏迷，最后衰竭而死。

3. 眼型

视力减退或消失。虹膜失去正常色素，呈同心环状或斑点状。瞳孔边缘不整，严重阶段瞳孔只剩下一个针尖大小的孔。

4. 皮肤型

全身皮肤毛囊肿大，以大腿外侧、翅膀、腹部尤为明显。

本病的病程一般为数周至数月。因感染的毒株、易感鸡品种（系）和日龄不同，死亡率表现为2%~70%。

## （四）病理剖检变化

1. 神经型

常在翅神经丛、坐骨神经丛、坐骨神经、腰间神经和颈部迷走神经等处发生病变，病变神经可比正常神经粗2~3倍，横纹消失，呈灰白色或淡黄色。有时可见神经淋巴瘤。

2. 内脏型

在肝、脾、胰、睾丸、卵巢、肾、肺、腺胃和心脏等脏器出现广泛的结节性或弥漫性肿瘤。

3. 眼型

虹膜失去正常色素，呈同心环状或斑点状。瞳孔边缘不整，严重阶段瞳孔只剩下一个针尖大小的孔。

4. 皮肤型

常见毛囊肿大，大小不等，融合在一起，形成淡白色结节，在拔除羽毛后尸体尤为明显。

## （五）实验室诊断

1. 病原分离鉴定

依据病理剖检结果作为参考数据之一。

2. 病理组织学诊断

主要以淋巴母细胞、大、中、小淋巴细胞及巨嗜细胞的增生浸润为主，同时可见小淋巴细胞和浆细胞的浸润和雪旺氏细胞增生。

3. 免疫学诊断

免疫琼脂扩散试验。

## （六）鉴别诊断

内脏型马立克氏病的病理变化易与禽白血病（LL）和网状内皮增生症（RE）相混淆，一般需要通过流行病学和病理组织学进行鉴别诊断。

1. 与禽白血病（LL）的鉴别诊断

（1）流行病学比较

禽白血病（LL）一般发生于 16 周龄以上的鸡，并多发生于 24~40 周龄；且发病率较低，一般不超过 5%。MD 的死亡高峰一般发生在 10~20 周龄，发病率较高。

（2）病理组织学变化

禽白血病（LL）肿瘤病理组织学变化主要表现为大小一致的淋巴母细胞增生浸润。MD 肿瘤细胞主要表现为大小不一的淋巴细胞。

2. 与网状内皮增生症（RE）的鉴别诊断

网状内皮增生症（RE）在不同鸡群感染率差异较大，一般发病率较低。其病理组织学特点是：肿瘤细胞多以未分化的大型细胞为主，肿瘤细胞细胞质较多、核淡染。有些病例也表现为大小不一的淋巴细胞。

现场常见 MDV 和 REV 共感染形成的混合型肿瘤，需做病原分离鉴定。

## （七）结果判定

1. 临床诊断为疑似马立克氏病

符合本章马立克氏病流行病学（二）、临床症状（三）和病理剖检变化（四）的相关症状及剖检结果，可以由此作出疑似马立克氏病判断。

2. 确诊

符合禽白血病结果判定（七）的前提条件，且符合本章前述实验室诊断（五）第 1 条内容；或符合本章前述实验室诊断（五）第 2 条和第 3 条内容。

## （八）防治

1. 强化管理

加强孵化室、育雏室卫生管理措施。

2. 做好接种

根据当地流行毒株，对 1 日龄雏鸡做好免疫接种工作。

## （九）典型病理图谱

在诊断马立克氏病症时，由于其特征特性不明显导致延误及时治疗时间。因此，我们通过长期实践并总结和归纳出以下典型病理彩色图谱，并配有文字说明，以便读者进行识别。具体如图3-57、图3-58、图3-59、图3-60、图3-61、图3-62、图3-63、图3-64、图3-65、图3-66、图3-67a、图3-67b、图3-68、图3-69、图3-70、图3-71、图3-72a和图3-72b所示。

图3-57 病鸡形成劈叉姿势，具有示病意义

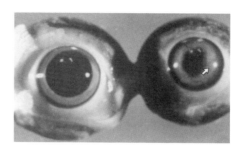

图3-58 病鸡瞳孔边缘不齐，具有示病意义

图3-59 病鸡肾脏由于肿瘤而肿大

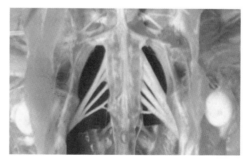

图3-60 病鸡一侧坐骨神经明显肿大

图3-61 病鸡腺胃上的肿瘤

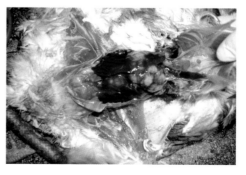

图3-62 病鸡肝脏上的肿瘤

图 3-63　病鸡消瘦、胸骨如刀

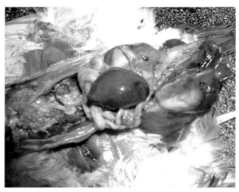

图 3-64　病鸡脾脏上的肿瘤

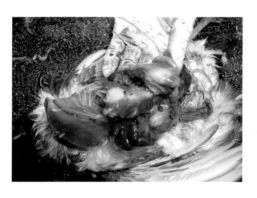

图 3-65　病鸡肝脏上的肿瘤呈现白色

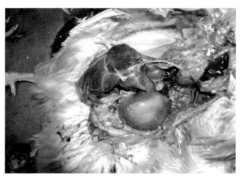

图 3-66　病鸡脾脏上的肿瘤呈现白色

a

b

图 3-67　病鸡脾脏及其切面的肿瘤呈现白色

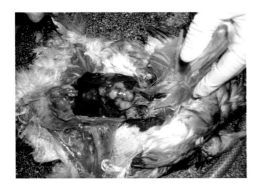

图 3-68　病鸡肝脏白色肿瘤细胞结节

图 3-69　病鸡肌胃白色肿瘤细胞结节

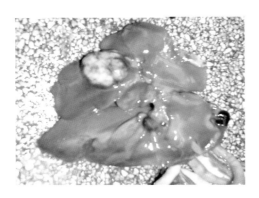

图 3-70　病鸡肝脏白色肿瘤细胞结节

图 3-71　病鸡小肠肿瘤细胞结节，肠管不均

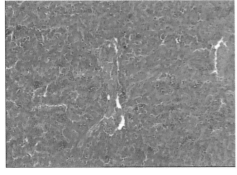

a

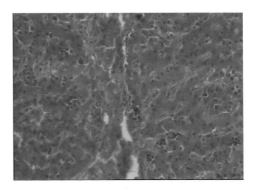

b

图 3-72　病鸡肝组织肿瘤细胞

## 八、鸡痘诊断技术

鸡痘是由鸡痘病毒引起鸡、火鸡、鸽和金丝雀等禽类疾病，主要表现为体表无毛部位出现散在的、结节状增生性皮肤病灶（皮肤型），或在上呼吸道、口腔和食道黏膜出现纤维素性增生性病灶（黏膜型）。

### （一）病原

1. 鸡痘病毒属于一种大型 DNA 病毒，痘病毒科禽痘病毒属成员

所有禽痘病毒均共有一种核蛋白原，但在抗原性和免疫原性上存在一定的差异，有不同程度的交叉反应。某些禽痘病毒具有较大的宿主特异性，不同的禽对各种不同种禽痘病毒的易感性不同。

2. 禽痘病毒对外界的抵抗力较强

阳光照射数周仍有活力。不耐热，在腐败的环境中，很快死亡。对 1% 的氢氧化钠敏感。

### （二）流行病学

① 鸡痘不分年龄、性别和品种均可感染发病。

② 鸡对禽痘最易感，尤以雏鸡更易感，鸭和鹅的易感性较低。

③ 一年四季均可发病，尤以夏末、秋初发病率较高，秋冬和早春也有发生的可能。死亡率可高达60%。

### （三）临床症状及病理变化

1. 皮肤型

在鸡只皮肤无毛部位即冠、肉髯、眼睑、面部、口角、翼下、腿脚和肛门周围出现小丘疹，初为粟粒大小白色水泡样，后增大为红色小丘疹，继而增大到绿豆大小黄白色或灰白色痘疹，后痘疹融合为棕褐色的疣状结节。

2. 黏膜型

在病鸡眼结膜、口腔黏膜、舌黏膜、喉头黏膜、咽黏膜、鼻腔黏膜和气管黏膜附着块状黄白色干酪样假膜，有时会使病鸡吞咽困难或呼吸困难。

3.混合型

皮肤型、黏膜型鸡痘的共同特征兼而有之，此型病情严重，死亡率较高。

## （四）诊断及病理

① 鸡胚培养。

② 雏鸡接种。

③ 细胞培养试验。

④ 包涵体检查。

⑤ 琼脂扩散试验。

## （五）结果判定

1.临床诊断为疑似

符合本章鸡痘前述流行病学（二）、临床症状及病理变化（三）和诊断及病理剖检变化（四）的相关症状特点，可以作出疑似鸡痘判断。

2.确诊

符合疑似鸡痘判断结果（五）第1条内容，可以作出确认。

## （六）防治

1.做好清洁卫生

平时要做好禽舍及其周围环境的清洁卫生工作，定期消毒，消灭蚊虫等吸血昆虫。

2.预防群体伤病

加强饲养管理，防止啄癖及机械性损伤。

3.落实免疫措施

做好鸡痘疫苗的免疫接种工作。

## （七）典型病理图谱

图 3-73 和图 3-74 是鸡痘典型病理的彩色图片，可供读者识别和诊断参考。

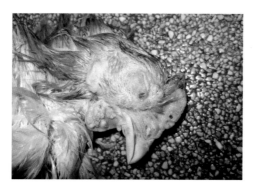

图 3-73　病鸡头部无毛处出现痘疹，有的
　　　　　已形成溃疡

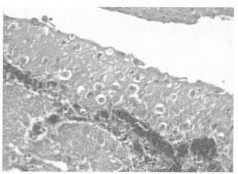

图 3-74　病鸡细胞内包涵体

## 九、大肠杆菌病诊断技术

禽大肠杆菌病是由某些致病性大肠埃希氏杆菌引起的不同类型疾病的总称。大肠埃希氏杆菌（简称大肠杆菌）是一种条件性致病菌，家禽感染发病后，主要可引起气囊炎、肝周炎、腹膜炎、心包炎、输卵管炎、滑膜炎、全眼球炎、关节炎、肉芽肿和败血症，对雏禽还可引起脐炎和卵黄感染。

### （一）病原

1. 大肠杆菌为革兰氏染色阴性菌，不形成芽胞、两端钝圆、能运动的中等大杆菌

一般单独存在，不形成长链条。

2. 大肠杆菌抗原结构复杂

不同地区有不同的血清型，同一地区血清型也不同，甚至同一鸡场也有多种血清型同时存在，不同的血清型可以引起不同的症状。

3. 大肠杆菌的抵抗力中等

对氯敏感，漂白粉对其具有很好的消毒效果。使用 5% 石炭酸、3% 来苏尔等，在 5min 就能将其杀灭。甲醛熏蒸、1% 氢氧化钠等均能用于消毒。

## （二）流行病学

**1.具有易感多发特点**

多种家禽对该病都有易感性，鸡、火鸡、鸭和鹅都可发病。

**2.不受年龄限制**

各种年龄的鸡都可感染，大多发生于雏鸡，3~6周龄内最为易感。

**3.发病率**

一般为30%~70%，死亡率为42%~80%，有时可高达100%。

**4.该病有两种传播方式**

水平传播和垂直传播。消化道、呼吸道、脐带、破损的皮肤是水平传播的入侵门户。种蛋本身带菌和种蛋受到污染带菌是垂直传播的主要原因。

**5.一年四季无发病原因**

本病一年四季均可发生，但以冬春寒冷季节发病为多，气温多变季节也是该病发生的时机。

**6.饲养环境原因**

饲养环境差、通风换气不良、饲养密度大、营养缺乏是该病发生的诱因。

## （三）临床症状及病理变化

**1.气囊炎**

气囊增厚，混浊，上有黄白色干酪样物附着，并有原发性呼吸道病变。

**2.肝周炎**

肝脏肿大，表面有一层黄白色的纤维蛋白附着。肝脏变性，质地变硬，表面有许多大小不一的坏死点。严重者，肝脏渗出的纤维蛋白与胸壁、心脏、胃肠道粘连。

**3.腹膜炎**

腹腔内充满淡黄色腥臭的液体或破裂的卵黄，腹腔脏器表而覆盖一层淡黄色、凝固的纤维索性渗出物。卵巢中的卵泡变形，呈灰色、褐色或酱色等不正常色泽，有的卵泡皱缩。发生广泛性腹膜炎，甚至腹腔各脏器发生广泛性粘连。

**4.心包炎**

这是其特征性病变，表现为心包膜增厚，混浊，粘连，心包囊由云雾状到淡黄色纤维蛋白性渗出不等。心包膜及心外膜上有纤维蛋白附着，呈白色，可见心包膜与心外膜粘连。

5.输卵管炎

输卵管变薄、扩张，管腔内有干酪样物质堵塞。输卵管充血、增厚。

6.关节炎和滑膜炎

多在附关节周围呈竹节状肿胀，关节液混浊，腔内有纤维蛋白渗出或出现脓汁，滑膜肿胀、增厚，有的有腱鞘炎。

7.全眼球炎

该炎症也是大肠杆菌感染眼和结膜而发生的，有时在个别个体发生本病。单侧或双侧眼肿胀，眼房水和角膜混浊，并在眼房中有干酪样分泌物，视网膜脱离而失明。

8.肉芽肿

以心脏、肝脏、十二指肠、盲肠肠系膜上出现典型的结节状肉芽肿为特征病变。肉芽肿呈单个或多发性地发生于各种器官，有针头大、核桃大，甚至鸡蛋大，呈灰白色乃至黄白色，多位于浆膜下。

9.败血症

特征性变化是肝脏呈绿色和胸肌充血，肝脏肿大，有小的白色病灶。病鸡突然死亡，皮肤、肌肉淤血，血凝不良，呈紫黑色。肠毒黏腹弥漫性充血、出血。心脏增大，心肌变薄，心包腔充满淡黄色液体。有的脾脏肿胀，肾脏肿大。肾脏出血、水肿。雏鸭大肠杆菌败血症的特征是心包炎、肝周炎和气囊炎等。

10.出血性肠炎

肠秘膜出血、溃疡，严重时在浆膜面即可见到密集的小出血点。肌肉皮下结缔组织、心肌及肝脏多有出血，甲状腺及胰腺肿大出血。

11.雏禽脐炎和卵黄感染

该炎症是因脐部被大肠轩菌感染而引起的。脐部呈蓝紫色，脐带孔潮湿发炎、红肿，卵黄囊壁水肿变薄，卵黄吸收不良。

12.脑炎型

肝脏轻微肿胀，肠卡他性炎症，卵黄吸收不良。脑膜充血，偶有出血点，易剥离。脑壳软化，额骨内骨板呈土黄色，骨质疏松，脑实质水肿、软化，左半球尤严重。

13.肿头病和浮肿性皮炎

病鸡头部、腹部等部位的皮肤浮肿，在剖检病死鸡时，触摸皮肤感到增厚，剪开肿胀皮肤皮下充有黄白色炎性渗出物。

### （四）实验室诊断

1. 细菌分离与鉴定

依据病理剖检结果作为参考数据之一。

2. 免疫学诊断

血清学试验。

### （五）结果判定

1. 疑似鸡大肠杆菌病判断

符合前述大肠杆菌流行病学（二）、临床症状和病理变化（三）可以作出疑似鸡大肠杆菌病判断。

2. 确诊

鸡大肠杆菌病判断符合疑似鸡大肠杆菌病判断结果（五）第1条内容，且经过细菌分离鉴定后可以确诊。

### （六）防治

1. 保持良好环境卫生

控制好禽舍周围环境卫生，保持适当的通风换气，降低舍内氨气、粉尘浓度，控制好舍内温度、湿度，给禽类创造适宜的生长、生产环境。

2. 预防污染

减少各类应激因素产生的条件，防治用具污染，降低饲养密度。

3. 做好消毒

防止种蛋受到大肠杆菌的污染，做好孵化室消毒工作。

4. 实施药敏试验

对发病鸡群，应采集病料做药敏试验，筛选敏感药物进行治疗。

### （七）典型病理图谱

根据我们工作的实践经验，针对禽大肠杆菌感染的常见外部表象和剖检过程及其特征，我们总结和归纳并例举出以下典型病理彩色图谱，并配有文字加以说明，以便读者进行识别。

具体如图3-75、图3-76、图3-77、图3-78、图3-79和图3-80所示。

图3-75　病鸡大肠杆菌眼炎

图3-76　病鸡肝周炎，肝脏表面有纤维素膜形成

图3-77　病鸡严重的腹膜炎、气囊炎

图3-78　病鸡严重的肝周炎、气囊炎

图3-79　病鸡严重的腹膜炎，致使
腹腔内脏器官粘连

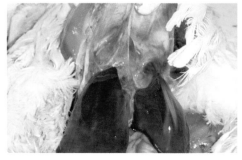

图3-80　病鸡气囊炎，气囊增厚，混浊

## 十、巴氏杆菌病诊断技术

巴氏杆菌病是主要由多杀性巴氏杆菌引起的，多种家畜、野生动物及人类的一类传染病的总称。动物急性病例以败血症和炎性出血过程为主要特征，人的病例少见，且多呈伤口感染。

### （一）病原

1. 多杀性巴氏杆菌（*Pasteurella multocida*）呈短杆状或球杆状，长0.6~2.5μm，宽0.25~0.6μm，常单个存在，较少成对或成短链，革兰氏染色阴性

病料组织或体液制成的涂片用瑞氏、姬姆萨氏或美蓝染色后镜检可见两极深染的短杆菌，但陈旧或多次继代的培养物两极染色不明显。用印度墨汁染色镜检可见由发病动物新分离的强毒菌株有清晰的荚膜，但经过人工继代培养而发生变异的弱毒菌株荚膜变窄或消失。有些多杀性巴氏杆菌有周边菌毛，多见于从萎缩性鼻炎病例分离到的产毒素菌株。

2. 根据菌株间抗原成分的差异，本菌可分为多个血清型

用被动血凝试验对荚膜抗原（K抗原）分类，本菌可分为A、B、D、E、F共5个血清型；用凝集反应对菌体抗原（O抗原）分类，本菌可分为12个血清型；用琼脂扩散试验对热浸出菌体抗原分类，本菌可分为16个血清型。K抗原用大写英文字母表示，O抗原和热浸出菌体抗原用阿拉伯数字表示，因此菌株的血清型可表示为A：1，B：2，D：2等（K抗原：热浸出菌体抗原），或5：A，6：B，2：D等（O抗原：K抗原），其中后者是目前该菌血清型定名的标准方法。我国对本菌的血清学鉴定表明，有A、B、D三个血清群，没有E血清群，如与O抗原鉴定结果互相配合，猪以5：A和6：B为主，其次是8：A和2：D；牛羊以6：B最多；家兔以7：A为主，其次是5：A；家禽以5：A最多，其次是8：A。近年来，国内有人用耐热抗原作琼脂扩散试验，发现感染家禽的主要是Ⅰ型，感染牛、羊的主要为Ⅱ、Ⅴ型，感染猪的主要为Ⅰ型和Ⅱ、Ⅴ型，感染家兔的主要为Ⅰ型和Ⅲ型。

3. 血清琼脂上生长的菌落在45°斜射光下观察时，根据菌落表面有无荧光及荧光的颜色，本菌可分为3种类型

即蓝色荧光型（Fg）、橘红色荧光型（Fo）和无荧光型（Nf）。Fg型菌对猪、牛、羊等有强大的毒力，对鸡等禽类毒力较弱；Fo型菌对鸡和兔等为强毒，对猪、

牛、羊等家畜的毒力则较弱；Nf 型菌对畜禽的毒力都较弱。本菌在一定条件下可以发生 Fg 型和 Fo 型之间的相互转换。

4. 本菌在琼脂上生长的菌落，可分为黏液型（M 型）、光滑型（S 型）和粗糙型（R 型）

其中，粗糙型菌落的菌株无荚膜，而黏液型和光滑型有荚膜。

5. 本菌存在于病畜全身各组织、分泌物及排泄物里，只有少数慢性病例仅存在于肺脏的小病灶内

健康动物的鼻腔或扁桃体也常带菌。多杀性巴氏杆菌是畜禽出血性败血症的一种原发性病原，也常为其他传染病的继发病原。

6. 本菌对物理和化学因素的抵抗力较弱

普通消毒剂对本菌都有良好的杀灭作用，但克辽林对本菌的消毒作用很差。

7. 除多杀性巴氏杆菌外，溶血性巴氏杆菌（*Pasteurella haemolytica*）、鸡巴氏杆菌（*Pasteurella gallinarum*）和嗜肺巴氏杆菌（*Pasteurella pneumotropica*）也可成为本病病原

溶血性巴氏杆菌能引起反刍动物如牛、绵羊、山羊发生肺炎，使新生羔羊发生急性败血症；鸡巴氏杆菌存在于家禽的上呼吸道，可参与禽的慢性呼吸道感染，偶见于牛和羊上呼吸道，其致病力较弱；嗜肺巴氏杆菌是啮齿动物上呼吸道的常在菌，被认为是小鼠、大鼠和豚鼠等实验动物巴氏杆菌病的主要病原。此外，多杀性巴氏杆菌毒素源性菌株是引起猪和山羊发生传染性萎缩性鼻炎的病原之一。

## （二）流行病学

1. 本菌对多种动物（家畜、野兽、家禽和野生水禽）和人均有致病性

家畜中以牛（黄牛、牦牛、水牛）、猪发病较多；绵羊、兔和家禽也易感；鹿、骆驼和马亦可发病，但较少见。

2. 畜群发生巴氏杆菌病时，往往查不出传染源，一般认为在发病前已经带菌

家畜在寒冷、闷热、气候剧变、潮湿、拥挤、圈舍通风不良、阴雨连绵、营养缺乏、饲料突变、过度疲劳、长途运输、寄生虫感染等应激因素的作用下机体抵抗力降低时，病菌乘虚侵入畜禽体内，引起发病。病畜通过排泄物、分泌物不断排出有毒力的病菌，污染饲料、饮水、用具和外界环境，经消化道而传染给健康家畜；或由咳嗽、喷嚏排出病菌，通过飞沫经呼吸道传播本病；吸血昆虫作为媒介也可传

播本病；也可经皮肤、黏膜的伤口发生感染。人的感染多由动物抓、咬伤所致，也可经呼吸道感染。

3. 不同畜、禽之间一般不易互相传染本病，但在个别情况下猪巴氏杆菌可传染给水牛

黄牛和水牛之间可互相传染本病，而禽和兽之间的相互传染则颇为少见。

4. 本病的发生一般无明显的季节性，但以冷热交替、气候剧变、闷热、潮湿、多雨的时候发生较多

本病一般为散发性，在畜群中只有少数动物先后发病，但水牛、牦牛、猪有时可呈地方流行性，绵羊有时可大量发病，家禽特别是鸭群发病时多呈流行性。

## （三）临诊症状

禽巴氏杆菌病又名禽霍乱（Fowl Cholera），自然感染潜伏期一般 2~9d，人工感染通常在 24~48h 发病。

1. 最急性型

常见于流行初期，以产蛋率高的鸡最常见。病鸡常无前驱临诊症状，在短时的精神沉郁、倒地挣扎、拍翅抽搐后死亡。病程短者数分钟，长者也不过数小时。

2. 急性型

最为常见，病鸡全身临诊症状明显，体温升高到 43~44℃，产蛋鸡停止产蛋；病鸡食欲不振或废绝，渴欲增加，常有腹泻，排黄色稀粪；呼吸困难，口鼻分泌物增加，鸡冠和肉髯呈青紫色，有的病鸡肉髯肿胀，有热痛感；病鸡最终衰竭、昏迷而死亡。程短的约半天，长的 1~3d，病死率很高。

3. 慢性型

这是由急性者不死转变而来的，多见于流行后期，以慢性肺炎、慢性呼吸道炎和慢性胃肠炎较多见。有些病鸡一侧或两侧肉髯显著肿大，随后可能有脓性干酪样物质，或干痂、坏死、脱落；有的病鸡局部关节肿大，疼痛，脚趾麻痹，发生跛行。病程可拖至 1 个月以上，生长发育和产蛋长期不能恢复。

## （四）病理变化

1. 最急性型

死亡的病鸡无特殊病理变化，有时只能看见心外膜有少许出血点。

2. 急性型

病理变化较为特征。病鸡的腹膜、皮下组织及腹部常见小点出血；心包变厚，心包内积有多量不透明液体，有的含纤维素性絮状液体，心外膜、心冠脂肪出血尤为明显；肺有充血点和出血点；肝脏的病理变化具有特征性，肝稍肿，质变脆，呈棕色或棕黄色，肝表面散布有许多灰白色、针尖大小的坏死点；脾脏一般不见明显变化，或稍微肿大，质地较柔软；肌胃出血显著；肠道尤其是十二指肠呈卡他性和出血性肠炎，肠内容物含有血液。

3. 慢性型

因侵害的器官不同而有差异。当呼吸道临诊症状为主时，见到鼻腔和鼻窦内有多量黏性分泌物，某些病例见肺硬变；局限于关节炎和腱鞘炎的病例，主要见关节肿大变形，有炎性渗出物和干酪样坏死；公鸡的肉髯肿大，内有干酪样的渗出物；母鸡的卵巢明显出血，有时在卵巢周围有一种坚实、黄色的干酪样物质，附着在内脏器官的表面。

## （五）诊断

1. 根据病理变化、临诊症状和流行病学材料，结合对病畜（禽）的治疗效果，可对本病作出初步诊断，确诊有赖于细菌学检查

败血症病例可从心、肝、脾或体腔渗出物等部位取材，其他病型主要从病理变化部位、渗出物、脓汁等部位取材，如涂片镜检见到两极染色的卵圆形杆菌，接种培养物分离并鉴定该菌则可确诊本病。必要时可用小鼠进行试验感染，通常是将少量（0.2 ml）病料悬液皮下或肌肉接种小白鼠，小鼠一般在接种后 24~36h 死亡，通过小鼠对微生物的筛选和增菌作用，鼠血液的涂片中可见到纯的多杀性巴氏杆菌。由于健康动物呼吸道内常常带菌，微生物学检查结果应参照患病动物的临诊症状、病理变化综合地作出最后的诊断。随着近年来分子生物学方法在传染病诊断方面的广泛应用，可以采用聚合酶链式反应（PCR）来鉴定多杀性巴氏杆菌。

2. 鸡的巴氏杆菌病与鸡新城疫有相似之处

主要从病理剖检结果作为判断参考，应注意加以区别。

## （六）防制

1. 在巴氏杆菌病的防制方面，根据其传播特点

首先应注意饲养管理，消除可能降低机体抵抗力的各种应激因素，其次应尽可能避免病原侵入，并对圈舍、围栏、饲槽、饮水器具进行定期消毒，同时应定期进行预防接种，增强机体对该病的特异性免疫力。由于多杀性巴氏杆菌有多种血清型，各血清型之间多数无交叉免疫原性，所以应选用与当地常见的血清型相同的血清型菌株制成的疫苗进行预防接种。

2. 发生本病时，应将病畜（禽）隔离，及早确诊，及时治疗

病死畜（禽）应深埋或加工工业用，并严格消毒畜（禽）舍和用具。对于同群的假定健康畜（禽），可用高免血清、磺胺类药物或抗生素作紧急预防，隔离观察一周后如无新病例出现，可再注射疫苗。如无高免血清，也可用疫苗进行紧急预防接种，但应做好潜伏期病畜发病的紧急抢救准备。

3. 禽霍乱的预防

可用禽霍乱 G190E$_{40}$ 弱毒苗、禽霍乱油乳剂疫苗，前者的免疫期约 3 个月，后者约 6 个月。

4. 巴氏杆菌的免疫防疫

近年来，在多杀性巴氏杆菌的免疫预防方面，进行了包括多杀性巴氏杆菌亚单位疫苗和基因缺失弱毒苗在内的诸多研究并取得了一定的进展。

5. 病畜（禽）发病初期用高免血清治疗，可收到良好的效果

用青霉素、链霉素、四环素族抗生素、磺胺类药物、喹乙醇以及新上市的有关抗菌药物进行治疗也有一定效果。如将抗生素和高免血清联用，则疗效更佳。鸡对链霉素敏感，用药时应慎重，以避免中毒。大群治疗时，可通过将药物投放在饮水或饲料中的方法进行给药。对于细菌的耐性现象，可通过药敏试验或多种抗生素联合用药来克服。

## （七）典型病理图谱

图 3-81 是巴氏杆菌造成病鸡肝脏病变典型病理的彩色图片，可供读者识别和诊断参考。

图3-81　病鸡肝脏出血、坏死

## 十一、曲霉菌病诊断技术

曲霉菌病见于多种禽类和哺乳动物。病的特点是在组织器官中，尤其是肺及气囊发生炎症和小结节。主要病原体为烟曲霉。多见于雏禽，常见急性暴发。病的表现决定于受损害的器官和系统及感染是局部的还是全身性的。

### （一）病原

1. 主要病原体为半知菌纲曲霉菌属中的烟曲霉（*Aspergillus fumigatus*），次为黄曲霉（*A.flavus*）

此外，黑曲霉、构巢曲霉、土曲霉等也有不同程度的致病性，偶尔也可从病灶中分离出青霉菌、木霉、头孢霉、毛霉、白曲霉菌等。曲霉菌的气生菌丝一端膨大形成顶囊，上有放射状排列小梗，并分别产生许多分生孢子，形如葵花状。

2. 曲霉菌无所不在，部分是因为其对营养要求不高，常存在于土壤、谷物和腐败植物材料中

本菌为需氧菌，在室温和37~45℃均能生长。在一般霉菌培养基，如马铃薯培养基和其他糖类培养基上均可生长。烟曲霉在固体培养基中初期形成白色绒毛状菌落，经24~30h后开始形成孢子，菌落呈面粉状、浅灰色、深绿色、黑蓝色，而

菌落周边仍呈白色。

3. 曲霉菌的孢子抵抗力很强

通常煮沸后 5min 才能杀死，常用消毒剂有 5% 甲醛、石炭酸、过氧乙酸和含氯制剂。

4. 曲霉菌能产生毒素，可使动物痉挛、麻痹、致死和组织坏死等

这些毒素大多为蛋白溶解酶，特别是弹性蛋白溶解酶和胶原蛋白溶解酶，可溶解宿主组织，尤其是细胞外基质成分。

## （二）流行病学

1. 曲霉菌的孢子广泛分布于自然界，禽类常因通过接触发霉饲料和垫料经呼吸道或消化道而感染

各种禽类都有易感性，以幼禽（4~12 日龄）的易感性最高，常为急性和群发性，成年禽为慢性和散发。哺乳动物如马、牛、绵羊、山羊、猪均可感染。人也可感染，但为数甚少。实验动物中兔和豚鼠可人工感染。

2. 曲霉菌孢子易穿过蛋壳而引起死胚，或出壳后不久出现临诊症状

孵化室严重污染时，新生雏可受到感染，几天后大多数出现临诊症状，一个月基本停止死亡。阴暗潮湿和不洁的育雏器及其他用具、梅雨季节、空气污浊等均能使曲霉菌增殖，引起本病发生。

## （三）临诊症状

急性者可见病禽呈抑郁状态，多卧伏、拒食，对外界反应淡漠。病程稍长，可见病鸡呼吸困难，伸颈张口，细听可闻气管啰音，但不发生明显的"咯咯"声。由于缺氧，冠和肉髯暗红或发紫，食欲显著减少或废绝，饮欲增加，常有下痢。离群独处，闭目昏睡，精神委顿，羽毛松乱。有的表现神经临诊症状，如摇头、头颈不随意屈曲、共济失调、脊柱变形和两腿麻痹。病原侵害眼时，结膜充血、肿眼、眼睑封闭，下睑有干酪样物，严重者失明。急性病例 2~7d 后死亡，慢性可延至数周。

## （四）病理变化

病理变化为局限性，或为全身性，取决于侵入途径和侵入部位。但一般以侵害肺部为主，典型病例均可在肺部发现粟粒大至黄豆大的黄白色或灰白色结节，结节

的硬度似橡皮样或软骨样，切开见有层次的结构，中心为干酪样坏死组织，内含大量菌丝体，外层为类似肉芽组织的炎性反应层，并含有巨细胞。除肺外，气管和气囊也能见到结节，并可能有肉眼可见的菌丝体，成绒球状。其他器官如胸腔、腹腔、肝、肠浆膜等处有时亦可见到。有的病例呈局灶性或弥漫性肺炎变化。

## （五）诊断

根据流行病学、临诊症状和剖检可作出初步诊断，确诊则需进行微生物学检查。取病理组织（结节中心的菌丝体最好）少许，置载玻片上，加生理盐水 1~2滴，用针拉碎病料，加盖玻片后镜检，可见菌丝体和孢子；接种于马铃薯培养基或其他真菌培养基，生长后进行检查鉴定。

## （六）防制

1. 不使用发霉的垫料和饲料

这是预防曲霉菌病的主要措施，垫料要经常翻晒，妥善保存，尤其是阴雨季节，防止霉菌生长繁殖。种蛋、孵化器及孵化厅均按卫生要求进行严格消毒。

2. 育雏室应注意通风换气和卫生消毒，保持室内干燥、清洁

长期被烟曲霉污染的育雏室、土壤、尘埃中含有大量孢子，雏禽进入之前，应彻底清扫、换土和消毒。消毒可用福尔马林熏蒸法，或 0.4% 过氧乙酸或 5% 石炭酸喷雾后密闭数小时，经通风后使用。

3. 制定突发应急措施

发现疫情时，迅速查明原因，并立即排除，同时进行环境、用具等的消毒工作。

4. 目前尚无治疗本病的特效方法

据报道，用制霉菌素防制本病有一定效果，但成本过高，剂量为每 100 只雏鸡一次用 500 000 IU，每日 2 次，连用 2~4d。可用 1∶3 000 的硫酸铜或0.5%~1% 碘化钾饮水，连用 3~5d。

## （七）典型病理图谱

在诊断曲霉菌病时，由于其特征特性不显著，往往造成时间延误而影响治愈效果。因此，我们通过长期实践并总结和归纳出以下典型病理的彩色图谱，并配有文字说明，以便读者进行识别。

　　具体如图3-82、图3-83、图3-84a、图3-84b、图3-84c、图3-84d、图3-85和图3-86所示。

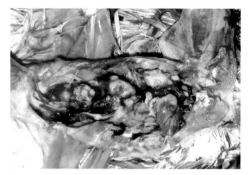

图3-82　病鸡气囊上的霉菌菌落　　　　图3-83　病鸡腹腔内形成的霉菌菌落和结节

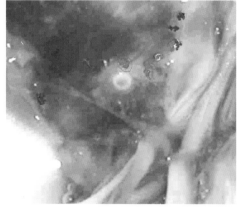

a

b

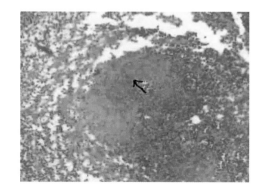

c

d

图3-84　病鸡腹腔上的霉菌结节

 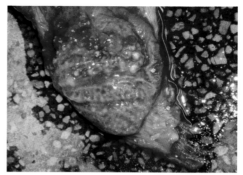

图 3-85　病鸡肝脏、气囊上的霉菌结节　　　图 3-86　病鸡肺脏上的霉菌结节

## 十二、鸡白痢诊断技术

鸡白痢是由鸡白痢沙门氏菌引起鸡和火鸡拉白色稀便、肝肺出血坏死的一种败血型传染病。病种鸡表现为产蛋量下降，种蛋的受精率、孵化率降低，并伴有卵巢炎。病雏鸡变现为虚弱、嗜睡、下白痢和急性死亡等特征。

### （一）病原

鸡白痢沙门氏菌，属肠杆菌科沙门氏菌属，为革兰氏阴性、两极钝圆的细长杆菌。鸡白痢沙门氏菌的抵抗力不强，多种消毒药就能将其杀灭。

### （二）流行病学

1. 鸡白痢主要发生与 2~3 周龄以内的雏鸡，死亡率高，可高达 40%~70%

如果 3 日龄内就有发病，则说明是由种蛋垂直感染所致。中鸡偶有发生，往往呈暴发式，死亡率高。成年鸡多呈阴性或慢性感染，多局限于生殖系统感染，引起产蛋率和孵化率下降，甚至发生卵黄性腹膜炎。

2. 粪便是重要传染源之一

病鸡的粪便污染饲料、饮水、垫料、工具、周围环境和孵化器等通过消化道、呼吸道等途径感染发病；种蛋的垂直传播也是本病发生和流行的重要环节。

## （三）临床症状

1.病雏鸡排白色下痢或浆糊状稀便

有时肛门被白色糊状粪便堵塞，肛门周围羽毛布满白色、石灰样粪便。

2.病雏鸡患病特征

羽毛蓬松、嗜睡、畏寒、扎堆，喜聚集于热源周围。

3.病雏鸡有时带有呼吸困难、关节肿胀、跛行和视力减退或失明

中鸡偶然发生急性败血型鸡白痢，发病鸡精神高度沉郁、食欲废绝、迅速衰竭而亡。成年鸡慢性经过，表现为消瘦、低头缩颈、翅膀下垂、肉髯青紫、"垂腹"、下痢，病鸡逐渐消瘦衰弱死亡。产蛋鸡产蛋量急剧下降，受精率、孵化率降低，死胚增多。

## （四）病理变化

① 1 周龄以内的发病雏鸡脐环愈合不良、卵黄吸收不良或变性坏死。

② 雏鸡肝脏肿大呈土黄色或带有绿色，有时在肝脏表面有针尖或针帽大小的灰白色坏死灶，胆囊充满胆汁，脾脏肿大易碎。

③ 肾小管和输尿管充满白色尿酸盐，甚至肾脏肿大苍白。

④ 肺脏出现灰白色坏死结节，有时心肌出现灰白色肉芽肿。

⑤ 盲肠内充满白色豆腐渣样栓塞。

⑥ 中鸡病理变化与雏鸡相似，只是肝脏肿大明显、易碎、破裂。产蛋鸡易发生卵黄性腹膜炎，甚至是腹腔脏器粘连。

⑦ 公鸡出现睾丸萎缩变小、变硬。

## （五）实验室诊断

① 细菌涂片镜检与分离培养。

② 平板凝集试验。

③ 琼脂扩散试验。

## （六）结果判定

1.疑似鸡白痢病判断

符合前述鸡白痢流行病学（二）第 1 条和第 2 条内容、临床症状（三）第 1

条、第 2 条和第 3 条内容以及病理变化（四）第 1 条、第 2 条、第 3 条、第 4 条、第 5 条、第 6 条和第 7 条内容，可以做出疑似鸡白痢判断。

2. 确诊

鸡白痢病判断符合疑似鸡白痢实验室诊断（五）第 1 条内容，且经过细菌分离鉴定后可以确诊。

## （七）防治

1. 坚持自繁自养

如确需引进，而需对引进鸡场进行鸡白痢检测咨询，确定为无鸡白痢鸡群后，方可引进。

2. 降低各种应激因素

如饲养密度大，长途高温或低温运雏，通风不良，舍内温度过高或过低，卫生条件不良，饲养管理不善等，都可诱导鸡的发病。应减少应激因素，改善饲养管理，提高育雏鸡营养水平，加强鸡的抵抗力。

3. 雏鸡、产蛋鸡、种鸡不要乱投药

应根据药敏试验的结果选择敏感药物防治鸡白痢病，注意地区耐药菌株的出现，要定期给种鸡投药，加强鸡舍消毒，消除沙门氏菌的带菌污染。

4. 育成鸡白痢病的治疗要突出一个"早"字

一旦发现鸡群中病死鸡增多，确诊后立即全群给药，可投予氟派酸等药物，5d 后间隔 2~3d 再投喂 5d，目的是使新发病例得到有效控制，制止病情的蔓延扩大。同时加强饲养管理，消除不良因素对鸡群的影响，可以大大缩短病程，最大限度地减少损失。

5. 种鸡场应做好监测和净化鸡白痢工作

带菌的种鸡是鸡白痢病的主要传染源，消灭带菌鸡是预防该病的关键。可用凝集试验来进行监测该病，方法是采待检鸡全血或血清 1 滴置于玻璃板上，再加入 2 滴有色抗原，摇匀，在室温下 2min 内出现凝集者为阳性，发现阳性的种鸡要淘汰，建立一个无鸡白痢病的种鸡场。一般首次检测可在阳性率出现最高的 60~70 日龄进行，第 2 次检测应在 16 周时进行，以后每隔 1 个月测 1 次，发现阳性者立即淘汰，连续 2 次做全群全血凝集试验均为阴性者可为假定健康鸡群，以后每隔半年或 1 年检测 1 次。

6. 孵化厂要严格遵守消毒程序，采用无菌病鸡群所产的种蛋进行孵化

种蛋最好在产蛋后 0.5 h 就检蛋熏蒸消毒，防止蛋壳表面的细菌侵入种蛋内。孵化器、出雏筐等设备在每次应用之前或用完之后，须用福尔马林熏蒸消毒。雏鸡出完后在绒毛未干之前，也可用低浓度的福尔马林熏蒸消毒。育雏舍、育成舍和蛋鸡舍内要做好地面以及各种设备的清洗消毒，定期对鸡群进行带鸡消毒。只有这样才能建立一个无鸡白痢病的健康鸡场。

### （八）典型病理图谱

根据我们工作的实践经验，针对鸡白痢感染的常见外部表象和剖检过程及其特征，我们总结和归纳并例举以下典型病理彩色图谱，并配有文字加以说明，以便读者进行识别，具体如图 3-87、图 3-88a、图 3-88b、图 3-88c、图 3-88d、图 3-88e、图 3-88f、图 3-88g、图 3-88h、图 3-89、图 3-90 和图 3-91 所示。

图 3-87　病鸡肛门周围糊满粪便

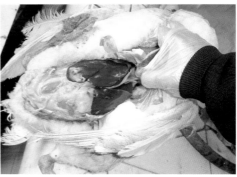

a

b

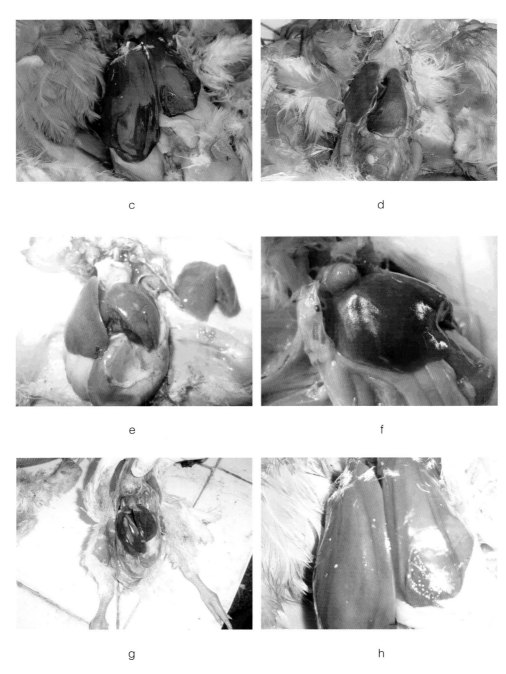

c            d

e            f

g            h

图 3-88　病鸡肝脏不同程度病理变化——青铜肝

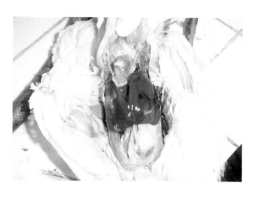

图3-89　病鸡肝脏上布满针尖大小坏死灶

图3-90　病鸡肝脏上布满针尖大小
坏死灶，脾脏肿大

图3-91　病鸡卵黄性腹膜炎

## 十三、衣原体病诊断技术

这是一种由衣原体所引起的传染病，使多种动物和禽类发病，人也有易感性。以流产、肺炎、肠炎、结膜炎、多发性关节炎、脑炎等多种临诊症状为特征。

本病分布于世界各地，我国也有发生，已成为兽医和公共卫生的一重要问题。

### （一）病原

1. 衣原体是衣原体科衣原体属的微生物

衣原体属目前认为有4个种，即沙眼衣原体（*Chlamydia trachomatis*）、鹦鹦热衣原体（*C. psittaci*）、肺炎衣原体（*C. pneumoniae*）和反刍动物衣原体（*C. pecorum*）。后者是日本学者 Fukushi 运用分子生物学技术，把引起牛、羊多发性关节炎、结膜炎、肠炎的衣原体分离株的 DNA 序列与引起牛、羊流产的鹦鹉热衣原体分离株的 DNA 序列加以比较，发现两者间存在明显差异，因而 1992 年提议将这种衣原体作为衣原体属中的一个新种，并命名为反刍动物衣原体。上述四种衣原体中，肺炎衣原体迄今仅从人类分离到，未见有动物发病的报道；沙眼衣原体以前一直认为除鼠外人是其主要宿主，但近年来发现它还可引起猪的疾病；鹦鹉热衣原体和反刍动物衣原体是动物衣原体病的主要致病菌，人也有易感性。

2. 衣原体属的微生物细小，呈球状，有细胞壁，含有 DNA 和 RNA

在脊椎动物细胞的胞质内可簇集成包涵体。易被嗜碱性染料着染，革兰氏染色阴性，用姬姆萨、马夏维洛（Macchiavello）、卡斯坦萘达（Castaneda）等法染色着色良好。

3. 衣原体系专性细胞内寄生物

能在鸡胚和易感的脊椎动物细胞内生长繁殖，并且具有特定的发育史，即从较小的原生小体长成较大的外膜明显的中间体，然后再长大为初体，随之进行二等分裂，分裂后的个体又变成原生小体。初体是繁殖型，无传染性，直径 0.9~1.0μm，原生小体是成熟型，有传染性，直径 0.2~0.4μm。在实验动物中，衣原体能在小鼠和豚鼠体内生长繁殖，并引起发病死亡。

4. 衣原体含有两种抗原，一种是耐热的，一种是不耐热的

前者可耐高温 135℃，对蛋白分解酶和木瓜蛋白酶有抵抗力，但可被过碘酸钾、卵磷脂酶和强酸部分地破坏，能够结合补体，具有属特异性，见于衣原体的所有代表种，可能是一种蛋白—多糖—脂类复合物或多糖物质；后者为种特异抗原，60℃即被破坏，也能被石炭酸和木瓜蛋白酶破坏。大多数衣原体产生一种毒素物质，其致死作用可用兔或鸡制成的同源抗毒素特异性地中和。

5. 衣原体对高温的抵抗力不强，而在低温下则可存活较长时间，如 4℃可存活 5d，0℃存活数周

在受感染的鸡胚卵黄囊中于 -20℃可保存若干年。在严重感染的小鼠和禽类脏器组织中于 -70℃保存 4 年未丧失其毒力。0.1% 福尔马林、0.5% 石炭酸在 24h 内、70% 酒精数分钟、3% 过氧化氢片刻，均能将其灭活。

6. 衣原体对青霉素、四环素族、红霉素等抗生素敏感，对链霉素、杆菌肽等

有抵抗力

对磺胺类药物，沙眼衣原体敏感，而鹦鹉热衣原体和反刍动物衣原体则有抵抗力。

7. 沙眼衣原体、鹦鹉热衣原体和反刍动物衣原体的致病性不尽相同

沙眼衣原体在人可引起沙眼、弥漫性结膜炎、新生儿眼炎、非淋性尿道炎、淋性淋巴肉芽肿等，在脊椎动物原来只知仅感染鼠，引起鼠肺炎，近年发现它还能引起猪的肠炎和角膜炎，增加了它在公共卫生上的重要意义。鹦鹉热衣原体在人可引起鹦鹉热或鸟疫、Reiter综合征（即关节炎尿道炎结膜炎综合征），在脊椎动物可引起鹦鹉热或鸟疫，胎盘病（绵羊、牛、猪、山羊、兔、小鼠的流产），猪、牛的睾丸炎、副睾炎，牛、猪的脑炎和脑脊髓炎，牛、绵羊、山羊、猪、犬、猫、鼠的肺炎，牛、猪、野兔和鼠的肠炎，绵羊、牛、猪和马的关节炎，绵羊、猪、犬、猫、豚鼠、仓鼠的结膜炎等。反刍动物衣原体已报道的主要有牛脑炎、脑脊髓炎、肺炎、多发性关节炎及肠炎；绵羊结膜炎、多发性关节炎及肠炎；猪肺炎、多发性关节炎等。

## （二）流行病学

1. 衣原体具有广泛的宿主，但家畜中以羊、牛、猪较为易感，禽类中以鹦鹉、鸽子较为易感

各种年龄均可感染，但不同年龄的畜禽其临诊症状表现不一。幼羊（1~8月龄）多表现为关节炎、结膜炎，幼牛（6月龄以前）、仔猪多表现为肺肠炎，成年牛有脑炎临诊症状，怀孕牛、羊、猪则多数发生流产。幼禽发病较成年者严重，常归于死亡。据近年报道，反刍动物衣原体和沙眼衣原体常可在猪引起混合感染，使母猪发生流产。

2. 病畜和带菌者是本病的主要传染源

它们可由粪便、尿、乳汁以及流产的胎儿、胎衣和羊水排出病原菌，污染水源和饲料等，经消化道感染健畜，亦可由污染的尘埃和散布于空气中的液滴，经呼吸道或眼结膜感染。病畜与健畜交配或用病公畜的精液人工授精可发生感染，子宫内感染也有可能。有人认为厩蝇、蜱亦可传播本病。

3. 本病的流行形式多种多样

怀孕牛、羊、猪流产常呈地方流行性，羔羊、仔猪发生结膜炎或关节炎时多呈

流行性，而牛发生脑脊髓炎时则为散发性。过分密集的饲养、运输途中拥挤、营养不均衡等应激因素可促进本病的发生和发展。

4.本病季节性不明显

犊牛肺炎和肠炎病例冬季多于夏季，羔羊关节炎和结膜炎常见于夏秋季节。

## （三）临诊症状

1.本病的潜伏期

因动物种类和临诊表现而异，短则几天，长则可达数周，甚至数月。家畜感染后，有不同的临诊表现。

2.禽类感染后称为鹦鹉热（Psittacosis），又名鸟疫（Ornithosis）

一般将发生于鹦鹉鸟类的疾病称为鹦鹉热，而将发生于非鹦鹉鸟类的疾病称为鸟疫。禽类感染后多呈隐性，尤其是鸡、鹅、野鸡等，仅能发现有抗体存在。鹦鹉、鸽、鸭、火鸡等可呈显性感染。患病鹦鹉精神委顿、不食，眼和鼻有黏性分泌物。拉稀，后期脱水，消瘦。幼龄鹦鹉常归于死亡，成年者则临诊症状轻微，康复后长期带菌。病鸽精神不安，眼和鼻有分泌物，厌食，拉稀，成鸽多数可康复成带菌者，雏鸽大多归于死亡。病鸭眼和鼻流出浆性或脓性分泌物，不食，拉稀，排淡绿色水样便，病初震颤，步样不稳，后期明显消瘦，常发生惊厥而死亡，雏鸭死亡率一般较高，成年鸭多为隐性经过。火鸡患病后，精神委顿，不愿采食、拉稀，粪便呈液状并带血，消瘦，病死率一般不高，但有时临诊症状严重，病死率高。

## （四）病理变化

禽类的病理变化，除鹦鹉常见脾肿大外，各种禽类均可见肝肿大，有坏死灶。气囊发炎，呈现云雾样混浊或有干酪样渗出物。常有纤维素性心包炎。有的有严重肠炎病理变化。

## （五）诊断

1.根据流行特点、临诊症状和病理变化仅能怀疑为本病，确诊需进行实验室诊断

在一些严重的全身性疾病，从病畜的血液和大多数脏器均能检查和分离到病原体，但对大多数衣原体病来说，最适合的检查材料要从有临诊症状或有病理变化的

部位采取。对于大多数可疑病例，仅用镜检是得不出结论的，还必须采取分离技术。最常用的方法是将病料接种于孵化5~7d的鸡胚卵黄囊内，有些菌株能很快适应于鸡胚传代。但是，另一些菌株，虽然盲目传继5代以上，还看不到原生小体。在初次分离时，也可将病料接种于无特定病原的小鼠或豚鼠，或进行细胞培养，但在实际工作中，细胞培养法并不常用。由于反刍动物衣原体的许多生物学特性与鹦鹉热衣原体相类似，一般的方法难以将它们区分开来，所以如欲进行种的鉴定，对分离到的衣原体必须进行DNA分析。DNA探针（包括rDNA基因探针和ompA探针）和聚合酶链反应（PCR）技术已被用来进行衣原体种的鉴定。

2. 最常用的血清学方法是补体结合反应

一般用加热处理过的衣原体悬液作为抗原（属特异抗原）来测定被检血清（属特异血清）。哺乳动物和禽类一般于感染后7~10d出现补体结合抗体。通常采取急性和恢复期双份血清，如抗体滴度增高4倍以上，认为系阳性。关于血清学普查判定标准，国内暂定1∶16或以上为阳性，1∶8为可疑，1∶4以下为阴性。除补体结合反应外，也可进行血清中和试验、毒素中和试验和空斑减数试验。另外间接血凝试验、免疫荧光试验、酶联免疫吸附试验近来已用于本病的诊断。

## （六）防制

1. 衣原体的宿主十分广泛

有鉴于此，防制本病必须认真采取综合性的措施。防止动物暴露于被衣原体污染的环境，在规模化养殖场，应确实建立封闭的饲养系统，杜绝其他动物携带病原体侵入；对外来鹦鹉鸟类要严格实施隔离检疫，禽类屠宰、加工时要防止尘雾发生；建立疫情监测制度，对疑似病例要及时检验，以清除传染源；在本病流行区，应制订疫苗免疫计划，定期进行预防接种。目前国内外已研制出用于绵羊、山羊、牛、猪和猫的不同衣原体疫苗，但对禽类衣原体，由于对其免疫学研究较少，尚未研制出商品化的疫苗。在动物疫苗方面，以羊流产疫苗研究较为成功。母羊在配种前接种油佐剂苗一次，可使绵羊获得保护力至少达3个怀孕期。

2. 发生本病时常见采用措施

可用红霉素或青霉素等进行治疗，也可将其混于饲料中，连用1~2周。

### （七）典型病理图谱

在诊断家禽衣原体病时，常常因其特征不明显而造成未能及时治疗。为此，我们通过长期实践并总结和归纳出以下典型病理彩色图谱，并配有文字说明以便读者进行识别。具体如图 3-92、图 3-93、图 3-94、图 3-95、图 3-96 和图 3-97 所示。

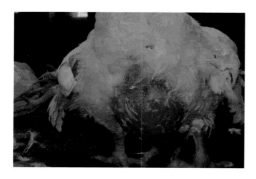

图 3-92　鸡外体腹部
产生肿伤状，并脱羽毛

图 3-93　鸡患此病严重时
鸡外体腹部大面积脱毛

图 3-94　病鸡输卵管壁变薄，
内有清亮液体

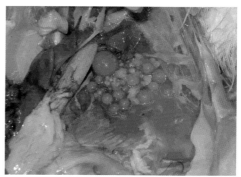

图 3-95　病鸡卵泡充血，破裂

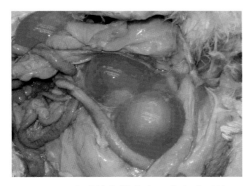

图 3-96　病鸡输卵管内有蛋壳未成形的蛋

图 3-97　病鸡输卵管壁变薄，
内有清亮液体

## 十四、滑液囊支原体诊断技术

从禽类体内已分离出 20 多种支原体，而对家禽引起危害最常见的有鸡毒支原体（MG）、火鸡支原体（MM）和滑液囊支原体（MS）。MG 和 MS 对鸡和火鸡有致病性，MM 仅对火鸡有致病性，衣阿华支原体也主要感染火鸡。鸡滑液囊支原体感染（MS）又称滑液支原体感染、滑液囊霉形体感染、滑膜囊霉形体感染、传染性滑液囊炎、传染性滑膜炎关节肿大，滑液囊和腱鞘发炎症状明显。该病病程长，笼养鸡不易被发现，经常给养鸡生产造成难于弥补的损失。本病分布于全世界，以前我国发现报道的并不多，近几年有增多趋势，有的地区或季节还相当严重。

### （一）病原

1. 本病病原为滑液囊支原体，呈多形态的球形体（直径 0.2~0.4 pm），比鸡毒支原体（MG）稍小，革兰氏染色阴性

只有一个血清型，不同菌株的致病力有差异，引起的症状也因病原的趋向性而不同。

2. 病原具有一般支原体特征，即发酵葡萄糖，不水解精氨酸，不利用尿素

人工培养时，MS 的营养要求比 MG 高。首次培养，培养基内必须加入烟酰胺腺嘌呤二核苷酸（辅酶Ⅰ、NAD），传代后可以由烟酰胺（Nicotinamide）代替；另外，还需加入牛或猪的血清，以猪的血清尤好，用鸡血清则不能成功培养，最适温度为 37℃。

3. 初次分离时，由于组织抗原、抗体和毒素的存在一般需在24h后继代移植一次，转移至Frey氏培养基上培养3~7d后，可见生长

用30倍解剖镜观察，可见圆形、隆起的、略似花格状、有或无中心的菌落，直径为1~3mm。本病的病原体在5~7日龄鸡胚卵黄囊中和鸡的气管培养物上生长良好。

## （二）流行病学

1. 本病原体自然情况下仅感染鸡和火鸡，人工感染可致雉鸡和鹅发病

外来引进品种或品系发病高于本地品种。经蛋感染的雏鸡可见1周龄内发病，4~16周龄的鸡和10~24周龄的火鸡多见。初期为急性经过，急性期过后的慢性感染或隐性感染可持续数月至数年；成年鸡偶见。人工感染，经足掌或静脉注射，2~3d后出现症状，可复制本病。

2. 本病主要通过健康鸡和病鸡的接触水平传播，呼吸道是本病的主要水平传播途径，气管是主要的靶组织

经蛋的垂直传播危害更大。一群雏鸡中有10%~20%经蛋感染的鸡，则在很短的时间内可传遍整群鸡。经蛋传染的最高峰在种群感染后的1~2个月，病原潜伏在鸡体内数天到数个月，一旦鸡群受到不良因素的刺激，则很快发病。另外，鸡群接触被病原体污染的饲料、衣物、动物和饲养器具而被感染。气溶胶、风媒等也可能传播本病。

3. 本病病原易造成健康鸡被污染

以普通鸡胚培养制造的疫苗中常有滑液囊支原体的污染，用该疫苗接种，可致被接种的健康鸡感染发病。

4. 滑液囊支原体对冷、热、干燥和一般消毒剂都很敏感，因没有细胞壁保护，在宿主以外的环境中生存能力很差

在湿冷的环境中可能存活几天，但在干燥和热的环境里只能存活几个小时。如果空舍时间长，就没有能力存在于鸡舍里。对于非全进全出的鸡场来说，感染滑液囊支原体的鸡群终生处于感染状态，外观正常鸡的气管中也能分离出病原体。持续不断的循环感染是造成本病绵延不绝的主要原因，连续的药物和疫苗防治也只能减少发病，而不能彻底净化。全群淘汰和空舍是根除病原体的唯一办法。

5. 鸡和火鸡易发此病症

鸡和火鸡的发病率达90%~100%，但死亡率通常在1%以下，最高不超过10%。

6.本病对产蛋的影响小，即便是在产蛋鸡场中有大比例的鸡群感染发病，也不会见到明显的产蛋减少

在家禽生产各个方面的负面影响也决不能忽视。对商品肉鸡来说，增加人力和用药成本，降低生长速度和饲料转化率、较高的淘汰率和屠体质量下降；对育成鸡来说，还表现为鸡群个体和生殖器官发育不整齐，没有产蛋高峰或产蛋高峰延迟；对种鸡来说，造成较多的死胚、弱雏较低的孵化率。

## （三）临诊症状

自然接触感染的潜伏期一般为10~20d，经蛋垂直感染的雏鸡可在1周龄内发病。不同毒株的致病力有较大差异，故临床上，有些病例表现为严重的关节病症，而另外一些病例则表现为严重的呼吸道症状，也有二者兼而有之的。

1.关节型病例

感染初期，病鸡精神尚好，饮食正常，病程稍长，则精神不振，独处，喜卧，常呆在料槽和水槽边，食欲下降，生长停滞，消瘦，脱水，鸡冠苍白，严重时鸡冠萎缩，呈紫红色。典型症状是跗关节和跖关节肿胀、跛行，甚至变形；慢性病例可见胸部龙骨出现硬结，进而软化为胸囊肿。成年鸡症状轻微，仅关节肿胀，体重减轻。

2.呼吸型病例

表现为打喷嚏，咳嗽，流鼻涕，常在接种活疫苗或遭受其他应激如断喙、大风降温后出现呼吸道症状，排绿色粪便。

## （四）病理变化

1.关节型病例

常出现腱鞘炎、滑膜炎和骨关节炎，病初水肿，有渗出物，呈黄色或灰色，清亮，有黏性，随病程发展，渐次混浊，最终呈干酪状。严重病例甚至在头顶和颈上方出现干酪物。受影响的关节呈橘黄色，有时关节软骨出现糜烂。组织病理学检查，软组织水肿，腱鞘和滑液囊腔有异嗜性细胞浸润，随后因单核细胞和浆细胞浸润而变厚，有时异嗜性细胞炎性变化扩展到下层骨，形成纤维素样变性。内脏器官一般不见特征性病变。

2.呼吸型病例

气管内有黏液，由于单核细胞浸润和网状细胞增多，而出现肝脾肿大，肝呈斑

驳状玫瑰绿色，肾脏也可能肿胀变白。淋巴细胞变性，可能导致胸腺和法氏囊萎缩，有时出现心包炎、心外膜炎和心内膜炎。

## （五）诊断

根据流行病学、临诊症状和病理变化，可作出初步诊断，但进一步确诊须进行病原分离鉴定和血清学检查。

用于病原分离的组织包括气管、气囊、肝脏、脾脏、滑液囊和病变关节渗出液等。渗出液必须取自于发病初期的病变关节，否则可能检测不到病原体。

常用的血清学检测方法有平板凝集反应、试管凝集反应与血凝抑制试验等。也有关于酶联免疫吸附试验、PCR 扩增技术等的报道。最常用的方法为平板凝集反应。

1. 病原分离

取急性发病鸡的关节渗出液、肝脏、脾脏等为材料，用营养肉汤 1 ：10 倍稀释后接种于 Frey 氏培养平板上 3~7d 后观察结果或接种于 5~7 日龄鸡胚卵黄囊中，5~10d 后观察结果。

2. 血清学检查

取病原分离物接种于滑液囊支原体平板抗原上作凝集试验。呈现阳性即可作判定。

本病应与葡萄球菌、链球菌、大肠杆菌等病菌引起的关节炎及病毒性关节炎相区别，在病原学和血清学检查时，还应与鸡毒支原体（MG）相区别。

## （六）防制

1. 控制本病方法

主要是通过药物控制和疫苗免疫两种方法。

2. 药物控制已经应用许多年，之所以结果不一致，可能与毒株致病力的差异和抗药性有关，故间歇用药和轮换用药很有必要

但必须认识到，没有一种抗生素，无论使用多大的剂量，多么长的治疗时间，都不能将存在于鸡群中的病原体根除掉，而只是基本不发病。

3. 疫苗免疫方面，国内尚无成功的疫苗上市，国外已有滑液囊支原体灭活苗和滑液囊支原体 H 株活疫苗用于生产，价格较高

滑液囊支原体 H 株疫苗本身没有致病性，通过点眼方式免疫，可以永久性的

定植于鸡体内，并能减少由野毒引起的垂直传播，对种鸡来说很有必要。加强管理，提供适宜的饲养环境，减少应激，可以降低本病的发生几率。实行全进全出的饲养模式，增加批间隔，加强消毒和检疫，淘汰病鸡，也能降低本病发生几率，减少经济损失。

## （七）典型病理图谱

我们在诊断滑液囊支原体病时，通常因其特征特性易与其他疫病发生混淆而影响及时防治。为此，我们通过长期实践并总结和归纳出以下典型病理彩色图片，并配有文字说明，以便读者进行识别。具体如图 3-98、图 3-99、图 3-100、图 3-101、图 3-102 和图 3-103 所示。

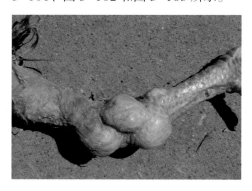

图 3-98　病鸡关节上形成增生性结节

图 3-99　病鸡腕关节肿胀

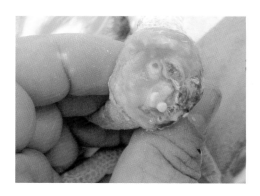

图 3-100　病鸡腕关节肿胀、分泌物增多

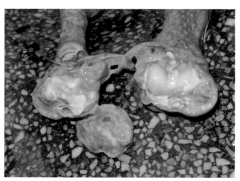

图 3-101　病鸡跗关节肿胀、分泌物增多

图 3-102　病鸡关节腔内有清亮的液体

图 3-103　病鸡胸部皮下有黄色干酪样物

# 第二节　寄生虫病诊断技术

## 一、鸡球虫病诊断技术

鸡球虫病是鸡常见且危害十分严重的寄生虫病，是由一种或多种球虫引起的急性流行性寄生虫病。它造成的经济损失是惊人的。10~30 日龄的雏鸡或 35~60 日龄的青年鸡的发病率和致死率可高达 80%。病愈的雏鸡生长受阻，增重缓慢；成年鸡一般不发病，但为带虫者，增重和产蛋能力降低，是传播球虫病的重要病源。

### （一）病原

1. 该病原为原虫中的艾美耳科艾美耳属的球虫

世界各国已经记载的鸡球虫种类共有 13 种之多，我国已发现 9 个种。不同种的球虫，在鸡肠道内寄生部位不一样，其致病力也不相同。柔嫩艾美耳球虫（*Eimeria tenella*）寄生于盲肠，致病力最强；毒害艾美耳球虫（*E.necatrix*）寄生于小肠中 1/3 段，致病力强；巨型艾美耳球虫（*E.maxima*）寄生于小肠，以中段为主，有一定的致病作用；堆型艾美耳球虫（*E.acervulina*）寄生于十二指肠及小肠前段，有一定的致病作用，严重感染时引起肠壁增厚和肠道出血等病变；和缓艾美耳球虫（*E.mitis*）、哈氏艾美耳球虫（*E.hagani*）寄生在小肠前段，致病力较低，可能引起肠黏膜的卡他性炎症；早熟艾美耳球虫（*E.praecox*）寄生在小肠前 1/3 段，致病力低，一般无肉眼可见的病变。布氏艾美耳球虫（*E.brunetti*）寄生于小肠后段，盲肠根部，有一定的致病力，能引起肠道点状出血和卡他性炎症；变位艾美耳球虫

（*E.mivati*）寄生于小肠、直肠和盲肠。有一定的致病力，轻度感染时肠道的浆膜和黏膜上出现单个的、包含卵囊的斑块，严重感染时可出现散在的或集中的斑点。

2.鸡球虫的发育要经过 3 个阶段

（1）无性生殖阶段

在其寄生部位的上皮细胞内以裂殖进行生殖。

（2）有性生殖阶段

以配子生殖形成雌性细胞、雄性细胞，两性细胞融合为合子，这一阶段是在宿主的上皮细胞内进行的。

（3）孢子生殖阶段

这是指合子变为卵囊后，在卵囊内发育形成孢子囊和子孢子，含有成熟子孢子的卵囊称为感染性卵囊。裂殖生殖和配子生殖在宿主体内进行，称内生性发育。孢子生殖在外界环境中完成，称外生性发育。鸡感染球虫，是由于吞食了散布在土壤、地面、饲料和饮水等外界环境中的感染性卵囊而发生的。

3.粪便排出的卵囊，在适宜的温度和湿度条件下，约经 1~2d 发育成感染性卵囊

这种卵囊被鸡吃了以后，子孢子游离出来，钻入肠上皮细胞内发育成裂殖子、配子、合子。合子周围形成一层被膜，被排出体外。鸡球虫在肠上皮细胞内不断进行有性和无性繁殖，使上皮细胞受到严重破坏，遂引起发病。

## （二）流行病学

各个品种的鸡均有易感性，15~50 日龄的鸡发病率和致死率都较高，成年鸡对球虫有一定的抵抗力。病鸡是主要传染源，凡被带虫鸡污染过的饲料、饮水、土壤和用具等，都有卵囊存在。鸡感染球虫的途径主要是吃了感染性卵囊。人及其衣服、用具等以及某些昆虫都可成为机械传播者。饲养管理条件不良，鸡舍潮湿、拥挤，卫生条件恶劣时，最易发病。在潮湿多雨、气温较高的梅雨季节易暴发球虫病。球虫孢子化卵囊对外界环境及常用消毒剂有极强的抵抗力，一般的消毒剂不易破坏，在土壤中可保持生活力达 4~9 个月，在有树荫的地方可达 15~18 个月。但鸡球虫未孢子化卵囊对高温及干燥环境抵抗力较弱，36℃即可影响其孢子化率，40℃环境中停止发育，在 65℃高温作用下，几秒钟卵囊即全部死亡；湿度对球虫卵囊的孢子化也影响极大，干燥室温环境下放置 1d，即可使球虫丧失孢子化的能力，从而失去传染能力。

## （三）临诊症状

病鸡精神沉郁，羽毛蓬松，头卷缩，食欲减退，嗉囊内充满液体，鸡冠和可视黏膜贫血、苍白，逐渐消瘦，病鸡常排红色葫萝卜样粪便，若感染柔嫩艾美耳球虫，开始时粪便为咖啡色，以后变为完全的血粪，如不及时采取措施，致死率可达50%以上。若多种球虫混合感染，粪便中带血液，并含有大量脱落的肠黏膜。

1. 急性球虫病

精神、食欲不振，饮欲增加；被毛粗乱；腹泻，粪便常带血；贫血，可视黏膜、鸡冠、肉垂苍白；脱水，皮肤皱缩；生产性能下降；严重的可引起死亡，死亡率可达80%，一般为20%~30%。恢复者生长缓慢。

2. 慢性球虫病

见于少量球虫感染，以及致病力不强的球虫感染（如堆型、巨型艾美耳球虫）。拉稀，但多不带血。生产性能下降，对其他疾病易感性增强。

## （四）病理变化

病鸡消瘦，鸡冠与黏膜苍白，内脏变化主要发生在肠管，病变部位和程度与球虫的种别有关。柔嫩艾美耳球虫主要侵害盲肠，两支盲肠显著肿大，可为正常的3~5倍，肠腔中充满凝固的或新鲜的暗红色血液，盲肠上皮变厚，有严重的糜烂。毒害艾美耳球虫损害小肠中段，使肠壁扩张、增厚，有严重的坏死。在裂殖体繁殖的部位，有明显的淡白色斑点，黏膜上有许多小出血点。肠管中有凝固的血液或有葫萝卜色胶冻状的内容物。巨型艾美耳球虫损害小肠中段，可使肠管扩张，肠壁增厚；内容物黏稠，呈淡灰色、淡褐色或淡红色。堆型艾美耳球虫多在上皮表层发育，并且同一发育阶段的虫体常聚集在一起，在被损害的肠段出现大量淡白色斑点。哈氏艾美耳球虫损害小肠前段，肠壁上出现大头针头大小的出血点，黏膜有严重的出血。若多种球虫混合感染，则肠管粗大，肠黏膜上有大量的出血点，肠管中有大量的带有脱落的肠上皮细胞的紫黑色血液。

## （五）诊断

生前用饱和盐水漂浮法或粪便涂片查到球虫卵囊，或死后取肠黏膜触片或刮取肠黏膜涂片查到裂殖体、裂殖子或配子体，均可确诊为球虫感染，但由于鸡的带虫现象极为普遍，因此，是不是由球虫引起的发病和死亡，应根据临诊症状、流行病学资料、病理剖检情况和病原检查结果进行综合判断。

### （六）防制

1. 加强饲养管理

成鸡与雏鸡分开喂养，以免带虫的成年鸡散播病原导致雏鸡暴发球虫病。保持鸡舍干燥、通风和鸡场卫生，定期清除粪便，堆放；发酵以杀灭卵囊。保持饲料、饮水清洁，笼具、料槽、水槽定期消毒，一般每周一次，可用沸水、热蒸气或3%~5% 热碱水等处理。据报道，用球杀灵和 1：200 的农乐溶液消毒鸡场及运动场，均对球虫卵囊有强大杀灭作用。每千克日粮中添加 0.25~0.5mg 硒可增强鸡对球虫的抵抗力。补充足够的维生素 K 和给予 3~7 倍推荐量的维生素 A 可加速鸡患球虫病后的康复。

2. 免疫预防

据报道，应用鸡胚传代致弱的虫株或早熟选育的致弱虫株给鸡免疫接种，可使鸡对球虫病产生较好的预防效果。亦有人利用强毒株球虫采用少量多次感染的涓滴免疫法给鸡接种，可使鸡获得坚强的免疫力，但此法使用的是强毒球虫，易造成病原散播，生产中应慎用。此外有关球虫疫苗的保存、运输、免疫时机、免疫剂量及免疫保护性和疫苗安全性等诸多问题，均有待进一步研究。

3. 药物防治

迄今为止，国内外对鸡球虫病的防制主要是依靠药物。使用的药物有化学合成的和抗生素两大类，从 1936 年首次出现专用抗球虫药以来，已报道的抗球虫药达40 余种，现今广泛使用的有 20 种。

4. 常用预防药物包括以下几方面

（1）氯苯胍

预防按 30~33mg/kg 浓度混饲，连用 1~2 个月，治疗按 60~66mg/kg 混饲3~7d，后改预防量预以控制。

（2）氨丙啉

可混饲或饮水给药。混饲预防浓度为 100~125mg/kg，连用 2~4 周；治疗浓度为 250mg/kg，连用 1~2 周，然后减半，连用 2~4 周。应用本药期间，应控制每千克饲料中维生素 $B_1$ 的含量以不超过 10mg 为宜，以免降低药效。

（3）硝苯酰胺（球痢灵）

混饲预防浓度为 125 mg/kg，治疗浓度为 250~300mg/kg，连用 3~5d。莫能霉素：预防按 80~125 mg/kg 浓度混饲连用。

（4）盐霉素（球虫粉，优素精）

预防按 60~70mg/kg 浓度混饲连用。

（5）地克珠利

预防按 1mg/kg 浓度混饲连用。

（6）马杜拉霉素（抗球王、杜球、加福）

预防按 5~6 mg/kg 浓度混饲连用。

（7）尼卡巴嗪

混饲预防浓度为 100~125mg/kg，育雏期可连续给药。

5.常用治疗药物包括以下几方面

（1）妥曲珠利溶液（奎文家禽研究所）

治疗用药，500kg 体重 / 瓶饮水；1 次 /d，连用 2~3d。

（2）磺胺类药

对治疗已发生感染的优于其他药物，故常用于球虫病的治疗。

6.常用的磺胺药有（注意：出口商品肉鸡禁止使用磺胺药）以下 6 种

（1）复方磺胺 -5- 甲氧嘧啶（SMD-TMP）

按 0.03% 拌料，连用 5~7d。

（2）磺胺喹恶啉（SQ）

预防按 150~250mg/kg 浓度混饲或按 50~100mg/kg 浓度饮水，治疗按 500~1 000mg/kg 浓度混饲或 250~ 500mg/kg 饮水，连用 3d，停药 2d，再用 3d。16 周龄以上鸡限用。与氨丙啉合用有增效作用。

（3）磺胺间二甲氧嘧啶（SDM）

预防按 125~250mg/kg 浓度混饲，16 周龄以下鸡可连续使用；治疗按 1 000~2 000mg/kg 浓度混饲或按 500~600mg/kg 饮水，连用 5~6d，或连用 3d，停药 2d，再用 3d。

（4）磺胺间六甲氧嘧啶（SMM，DS-36，制菌磺）

混饲预防浓度为 100~200mg/kg ；治疗按 100~2 000mg/kg 浓度混饲或 600~1 200mg/kg 饮水，连用 4~7d。与乙胺嘧啶合用有增效作用。

（5）磺胺二甲基嘧啶（SM2）

预防按 2 500mg/kg 浓度混饲或按 500~1 000mg/kg 浓度饮水，治疗以 4 000~5 000mg/kg 浓度混饲或 1 000~2 000mg/kg 浓度饮水，连用 3d，停药 2d，再用 3d。16 周龄以上鸡限用。

（6）磺胺氯吡嗪（Esb3）

以 600~1 000mg/kg 浓度混饲或 300~400mg/kg 浓度饮水，连用 3d。

### （七）典型病理图谱

图 3-104、图 3-105 和图 3-106 是鸡球虫病典型病理的彩色图片，可供读者识别和诊断参考。

图 3-104　病鸡盲肠内充满血液

图 3-105　病鸡盲肠内充满血液

图 3-106　病鸡盲肠内充满血液

## 二、鸡螨虫病诊断技术

鸡螨虫病是由鸡螨虫寄生在鸡的羽毛上引起的外寄生虫病。患鸡奇痒不安。羽毛脱落。幼鸡常秃头。身体瘦弱：母鸡产蛋率下降。鸡蜱螨病的病原主要为皮刺螨科的鸡皮刺螨、疥螨科的突变膝螨与鸡膝螨、羽管螨科的双梳羽管螨及软蜱科的波斯锐缘蜱。鸡蜱螨病是鸡很常见而多发性的一种体外寄生虫病。

### （一）病原

1. 波斯锐缘蜱

体扁平，卵圆形，前部钝窄，后部宽圆，吸血后虫体呈红色乃至青黑色，饥饿时为黄褐色。雄蜱大小长为 7.5 mm；雌蜱大小长为 9.5mm。

2. 鸡皮刺螨

虫体呈黄色，吸血后变为红色或褐色。体椭圆形。后部稍宽。体表密布细毛，假头和跗肢细长，螯肢呈细针状。雄虫大小长约 0.6mm，雌虫长为 0.7~0.75mm。

3. 突变膝螨

虫体灰白色，近圆形，虫体背面的褶襞呈鳞片状。尾端有 1 对长毛。雄虫长 0.19~0.20mm，雌虫长 0.41~0.44mm。

4. 鸡膝螨

虫体与突变膝螨相似，但较小。

5. 双梳羽管螨

虫体柔软而狭长，两侧几乎平行，乳白色。雄螨大小长为 0.59~0.77mm。雌螨大小长为 0.73~0.99mm。

### （二）流行病学

鸡蜱螨的生活史均包括卵、幼螨、若螨和成螨 4 个阶段。鸡皮刺螨完成一个生活史过程所需时间随温度不同而异。在夏季最快为 1 周，较寒冷天气要 2~3 周。

### （三）病理变化

鸡的外寄生虫主要以鸡的羽毛、绒毛及表皮鳞屑为食，有的叮咬吸血。病鸡表现为皮肤发痒、寝食难安、羽毛脱落，甚至引起贫血、消瘦，生长发育停止，产蛋

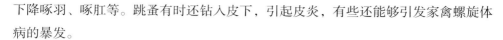

下降啄羽、啄肛等。跳蚤有时还钻入皮下，引起皮炎，有些还能够引发家禽螺旋体病的暴发。

1. 鸡皮刺螨

白天隐藏在鸡舍地板、墙壁、天花板等裂缝内，夜晚则成群爬行于鸡体上。吮吸血液，影响鸡休息，在密集型的笼养鸡群，极易发生本病。

2. 突变膝螨

通常寄生于鸡腿上的无毛处及脚趾部，引起足部炎症，皮肤增生。变粗糙，有渗出液溢出。干燥后形成灰白色痂皮。因此本病又称为"石灰脚"病。

3. 鸡膝螨

寄生于羽毛根部，可引起皮肤发炎及羽毛脱落。

4. 双梳羽管螨

寄生于鸡飞羽羽管中，可损伤羽毛。

5. 波斯锐缘蜱

幼蜱、若蜱及成蜱群居于鸡舍的墙、地板等缝隙中，夜间活动，吮吸鸡血液。

## （四）防制

发生蜱螨病的鸡群，可选用下列药物治疗。

① 虫丁按 0.5mg/kg 体重拌入饲料内一次喂服，一般宜在鸡的晚餐饲料中喂服。间隔 1 周再重复用药一次。并同时用溴氰菊酯、双甲脒等外用药物，在晚间喷洒鸡舍，笼具及其周围及其周围环境。

② 双甲脒 200mg/kg 浓度，喷雾，杀灭病原。

③ 对鸡突变膝螨病可用以上两种药物患部涂擦及环境、笼舍喷药相结合进行。

④ 溴氰菊酯（商品名敌杀死）用 50~100mg/kg 浓度对鸡笼舍及墙、地板等处进行喷雾，灭杀病原。对鸡舍内的各种缝隙应重点喷药。

使用杀虫药物（溴氰菊酯、双甲脒等）时，应先在小群试验，使用安全后再推广应用到整个禽群或禽舍。

在引进鸡种时，应严格检疫，防止带入病原。

### （五）典型图片

图 3-107a 和图 3-107b 是鸡舍内钢筋柱栏上吸满血液的螨虫典型病状的彩色图片，可供读者识别和诊断参考。

a                                    b

图 3-107    鸡舍内钢筋柱栏上附着吸满血液的螨

## 三、组织滴虫病诊断技术

组织滴虫病又名盲肠肝炎或黑头病，主要引起雏鸡或火鸡的一种以肝脏坏死和盲肠溃疡为特征的原虫病。

### （一）病原

火鸡组织滴虫病为多样性虫体，大小不一，非阿米巴阶段的火鸡组织滴虫近似球形；阿米巴阶段虫体是高度多样性，有一个或数个伪足，有鞭毛，细胞核呈卵圆形、椭圆形—球形。

寄生于盲肠内的组织滴虫，进入异刺线虫，在卵巢中繁殖，并进入卵内，当该线虫排卵时滴虫也随之而出，滴虫有卵壳保护，存活期长，成为感染源。雏火鸡或雏鸡经消化道感染。蚯蚓是本虫的搬运宿主，蚯蚓吞食土壤中的鸡异刺线虫虫卵后，滴虫随虫卵进入蚯蚓体内孵化，新孵出的幼虫在组织内生存到侵袭阶段，禽吃到该蚯蚓便感染组织滴虫。

## （二）流行特点

组织滴虫能引起多种禽类感染发病，如火鸡、鸡、松鸡、雉鸡、珍珠鸡、孔雀、鹌鹑、鹧鸪等均易感。3~12周龄火鸡发病率为90%，死亡率达70%。成禽多为带虫者。本病主要通过消化道感染。鸡异刺线虫不仅是组织滴虫的储藏宿主，还是本病的传播者。蚯蚓及节肢动物中的蝇、蚱蜢、土鳖、蟋蟀等都可作为机械传播者。本病一年四季均可发生，多发于春夏温暖潮湿季节。

最近有报道，后备肉种鸡、后备蛋鸡、松鸡、鹧鸪、来航鸡发病严重，死亡率高。

## （三）症状

1. 潜伏期

据调查，潜伏时间为7~12 d，病禽表现精神委顿，食欲降低或拒食，羽毛蓬松，两翅下垂，怕冷，打瞌睡。

2. 下痢

粪便稀薄呈淡黄色或淡绿色，继而粪便带血，严重时排大量鲜血，部分患禽头部皮肤、冠及肉髯呈蓝色或暗黑色，故又称"黑头病"。

3. 病程

据调查发病时间1~3周，死亡率一般不超过30%，幼龄火鸡高达70%。

## （四）病理变化

1. 病变主要表现在盲肠和肝脏，引起盲肠炎和肝炎

盲肠粗大，浆液性和出血性物充满盲肠，渗出物常发生干酪化，形成肠芯，盲肠壁增厚和充血。有时，盲肠壁溃疡、穿孔，引起腹膜炎。

2. 肝肿大，呈紫褐色，表面有黄色或黄绿色的圆形、下陷的病灶，豆粒大或指头大，病灶边缘较隆起

有的坏死区融成片，形成大面积的病变区。肺、肾、脾等脏器也偶见有白色圆形坏死。

3. 鸡和火鸡患此病的区别

鸡的盲肠和肝病变没有火鸡严重。

## （五）实验室诊断

采取新鲜盲肠黏膜病变处刮下物，用40℃温生理盐水做成悬滴标本，在显微镜下可见活动的虫体，大小约8~12μm，呈钟摆式的来回运动即可确诊。

## （六）防治

要控制线虫（用四咪唑、芬苯哒唑、潮霉素），线虫的幼虫携带组织滴虫进入黏膜。仅清除污染垫料成效有限，关键要杀灭虫卵，利用阳光照射或干燥可最大限度地杀灭异刺线虫虫卵，鸡场的良好排水可缩短虫卵的活力，雏鸡要饲养在清洁而干燥的鸡舍里。

转舍分群，上笼饲养，清除粪便，严格消毒。杜绝采用蚯蚓作食料。发现病禽，及时隔离。

用电解多维（或葡萄糖粉）作混饮，连用4d；混料有维生素C200mg/kg料、甲硝唑400mg/kg料、复合维生素B150mg/kg料，混合拌增，连用4d可治愈。

补充维生素$K_3$可减少盲肠出血，添加维生素A有利促进盲肠和肝的损伤恢复。

此外，卡巴肿，预防用$1.5 \times 10^4$~$2 \times 10^4$IU，混料，休药期5d；硝苯肿酸，预防有$1.87 \times 10^4$IU，混料，休药期4d；异丙硝咪唑，治疗用$2.5 \times 10^4$IU，混料，疗程7d，预防用$6.25 \times 10^5$IU，混料，休药期4d。

## （七）病理小结

我们通常在诊断家禽组织滴虫病时，往往由于其特征特性不明显而造成未能及时治疗。

### 四、绦虫病诊断技术

鸡绦虫病是戴文科赖利属和戴文属的节片戴文绦虫、棘沟赖利绦虫、四角赖利绦虫和有轮赖利绦虫等引起的一类寄生虫病。寄生于鸡的小肠,主要是十二指肠,引起患鸡贫血、消瘦、下痢、产蛋减少甚至停止。小鸡轻度感染时,也容易诱发其他疾病,造成死亡。

#### (一)流行特点

绦虫虫体呈带状、扁平、淡白色,根据各绦虫种类不同,短的体长 0.5mm,长的可达 250mm。鸡绦虫孕节随宿主粪便排至体外,被中间宿主吞食后,在其消化道逸出六钩蚴,移行到适当组织,经 2~4 周,发育为有感染性的似囊尾蚴。禽吞食含似囊尾蚴的中间宿主后,似囊尾蚴用吸盘或顶突固着在患鸡的肠壁上经 2~3 周发育为绦虫成虫,并开始向外界排出孕卵节片。鸡绦虫的中间宿主主要是蛞蝓、蚂蚁、赤拟谷盗、家蝇和甲虫等,这些均为饲养场的饲料和禽类粪便中较常见到。

鸡绦虫呈世界性分布,我国各地均有发生。各种年龄的家禽均能感染,但以幼龄家禽易感性强,25~40 日龄雏鸡死亡率最高。孕卵节片在外界抵抗力不强,只能存活几天。但在中间宿主体内存活时间较长,如在蛞蝓体内可存活 1 年。

#### (二)临床症状

鸡绦虫大量感染时,可以导致虫体聚集在肠道内,堵塞肠管,严重时可以导致肠破裂而引起腹膜炎。由于虫体头节深入肠壁,可以引起病鸡急性肠炎,排除带黏液和带血样粪便。虫体代谢产物被病禽吸收后可引起神经症状,开始两腿麻痹,而后逐渐波及至全身。该病慢性感染可导致病禽精神不振,机体消瘦,羽毛逆立,腹泻,蛋鸡产蛋量减少。由于该病使雏鸡营养不良,发育停止,对其他疾病抵抗力降低,容易引发其他传染病,如大肠杆菌等机会致病菌和新城疫等常见病毒病,进而影响整个鸡群。

#### (三)病理变化

剖检时可在病禽肠道发现虫体,肠黏膜肥厚,充血,黏膜面黏液较多,常见出血点，有时可在浆膜面见到出血斑。棘沟赖利绦虫感染时，在十二指肠黏膜面有肉芽肿性结节，呈黍米粒大小，火山口状凹陷。

## （四）诊断

根据鸡群临床表现，粪便检查发现孕虫卵或卵节片可以确诊。必要时可进行剖检鸡病发现虫体确诊。

1. 虫卵检查方法

采取"沉淀法"。

2. 具体步骤

即采取患鸡粪便样品 5g，加清水 100ml 左右，搅匀成稀便，经双层纱布过滤后，滤液收集于三角烧杯中，静置沉淀 30min，倾去上层液，保留沉渣，再加水混匀，再沉淀，直到上层液透明。用滴管吸取少量的沉渣，滴在载玻片上，加适量的清水或甘油水（甘油与水的比例为 1∶1）后，加上盖玻片，在显微镜下检查，可见到虫卵内具有球形胚胎，虫卵大多呈无色或淡灰色。

## （五）防治

对鸡绦虫病的防治应采取综合性措施。

1. 定期驱虫在流行地区或鸡场，应定期给雏鸡驱虫

丙硫苯咪唑对赖利绦虫等有效，剂量按 15mg/kg 体重，小群鸡驱虫可制成丸逐一投喂，大群鸡则可混料一次投服。

2. 消灭中间宿主

鸡舍、运动场中的污物、杂物要彻底清理，保持平整干燥，防止或减少中间宿主的滋生和隐藏。

3. 及时清理粪便

每天清除鸡粪，进行堆沤，通过生物热灭杀虫卵。

4. 对病鸡可采用下列药物驱虫治疗

（1）丙硫苯咪唑

15~25mg/kg 体重；硫双二氯酚，100~200mg/kg 体重；氯硝柳胺，50~100mg/kg 体重；吡喹酮，10~20mg/kg 体重。按以上剂量酌情使用其中一种药物拌料一次投服，48h 内虫体可全部排出。

（2）溴氢酸槟榔素

3 mg/kg 体重，配成 0.1% 水溶液供病鸡饮服。

（3）中草药槟榔和仙鹤草

驱绦虫均有效果。槟榔驱绦虫有较强的麻痹作用，使虫体失去吸附肠壁的能力，同时它能促进胃肠蠕动而产生腹泻，有利于将麻痹的虫体排出。用槟榔驱绦虫一般可以粉剂拌入饲料内给予；也可煎剂用细胶管插入鸡食道内灌服，也可注射到嗉囊内，药的用量为 1 g/kg 体重。

槟榔煎剂的制法是用槟榔粉 50g，加水 1 000ml，煮成 750ml 槟榔液，用纱布滤去药渣，冷却后待用，用药量为每千克鸡重 15ml。一般用药后 10~30min 内开始排虫，持续 2~3h 排完。用煎剂进行大群驱虫时，必须先以 10~20 只鸡做小群驱虫试验，取得经验后，再全群投药。如用药过量，一般在投药后 15~30min 即出现中毒反应，其表现是口吐白沫、发抖、站立不稳等，抢救时应尽快肌肉注射阿托品 0.5mg，中毒症状可在几分钟内消失；若抢救不及时，病鸡已经倒地抽搐，往往抢救无效而死亡。对瘦弱鸡驱虫，要适当减少药量。

仙鹤草主要作用于绦虫的头节，对颈节和体节也有作用，能迅速穿透绦虫体壁，使虫体痉挛致死。因此，可试用该药煎汁灌服。

## 五、蛔虫病诊断技术

鸡蛔虫病是由禽蛔科蛔属的鸡蛔虫寄生于鸡、鸽、火鸡、鸭、鹅等小肠内所引起的一种常见的蠕虫病。

### （一）流行病学

雌虫在鸡的小肠内产卵，随鸡粪排到体外。虫卵抗逆力很强，在适宜条件下，约经 10d 发育为含感染性幼虫的虫卵，在土壤内生存 6 个月仍具感染能力。鸡因吞食了被感染性虫卵污染的饲料或饮水而感染。幼虫在鸡胃内脱掉卵壳进入小肠，钻入肠黏膜内，经血液循环和一段时间后返回肠腔发育为成虫，此过程约需 35~50d。除小肠外，在鸡的腺胃和肌胃内，有时也有大量虫体寄生。3~4 月龄以内的雏鸡最易感染和发病。

## （二）临床症状

感染的雏鸡生长缓慢、羽毛松乱、行动迟缓、无精打采、食欲不振、消瘦、下痢、贫血、黏膜和鸡冠苍白，最终可因衰弱而死。大量感染者可造成肠堵塞而死亡。

## （三）病变检查

小肠黏膜发炎、出血，肠壁上有颗粒状化脓灶或结节。严重感染时可见大量虫体聚集，相互缠结，引起肠阻塞，甚至造成肠破裂和腹膜炎。

## （四）实验室诊断

用饱和盐水浮集法，检查粪便可发现大量虫卵；尸体剖检，在小肠内发现有大量虫体便可确诊。由于虫体大，特征明显，不会与其他虫体混淆。

## （五）防治

1. 防治要点
①搞好环境卫生。
②及时清除粪便，堆积发酵，杀灭虫卵。
③增加蛋白质及维生素饲料。
④做好鸡群的定期预防性驱虫，每年进行 2~3 次。
⑤发现病鸡，及时隔离。

2. 药物治疗
①丙硫咪唑，每千克体重 10~20mg，1 次内服。
②左旋咪唑，每千克体重 20~30mg，1 次内服。

## （六）典型病理图谱

我们根据长期的实践和有效的防治，总结和归纳出以下典型病理解剖彩色图片，并配有文字说明，以便读者进行识别。

具体如图 3-108、图 3-109、图 3-110 和图 3-111 所示。

图 3-108 病鸡小肠浆膜面可见
黏膜出血、溃疡

图 3-109 病鸡小肠黏膜面可见出溃疡

图 3-110 病鸡肠管充满虫体，肠管

图 3-111 病鸡肠管内充满虫体

# 第三节 营养代谢疾病

## 一、维生素 B₁ 缺乏症

维生素 $B_1$ 又称硫胺素，维生素 $B_1$ 缺乏症发病鸡主要表现为多发性神经炎症状，为营养代谢性疾病。

### （一）病因

① 饲料存放不合理或时间过长而发生腐败或霉变，破坏了维生素 $B_1$ 的结构。

② 饲喂的饲料不全价，碳水化合物含量过高而维生素 $B_1$ 含量低。

③ 鸡患有慢性肠炎或寄生虫病（如坏死性肠炎或球虫病）影响肠道黏膜对维生素 $B_1$ 的吸收。

④ 长期饲喂含有氨丙啉的饲料，抑制了硫胺素的吸收。

⑤ 饲料营养成分含量偏低，致使雏鸡易于发生维生素 $B_1$ 缺乏症的出现。

### （二）临床症状

1. 雏鸡发病较快

成年鸡发病呈现渐进性过程。

2. 雏鸡特征性的症状呈现为犬坐姿势，头向后仰呈"观星状"

其他症状还可见羽毛蓬松，步态不稳，双腿发软、无力，有的转圈、痉挛。剖检小鸡见皮肤广泛发生水肿，生殖器官萎缩，肾上腺肥大，胃和肠壁亦严重萎缩。

3. 成年鸡发病特征

除具有小鸡症状之外，还表现为肌肉明显麻痹，最初发生于趾的屈肌，然后向上蔓延，波及到腿、翅和颈的伸肌。

### （三）诊断

① 符合本章前述维生素 $B_1$ 缺乏症（一）病因第 1 条、第 2 条、第 3 条、第 4 条和第 5 条内容之一，且具有本章维生素 $B_1$ 缺乏症临床症状（二）第 1 条、第 2 条和第 3 条内容之一的可以作出诊断。

② 对发病鸡通过肌肉注射维生素 $B_1$ 作治疗性诊断亦可做为诊断依据。

### （四）防治

① 合理存放饲料，防治饲料长时间存放和腐败变质。

② 实用全家日粮。

③ 出现慢性消化道疾病，要及时消除病因。

④ 在使用抗球虫药时，要在饲料中及时添加复合维生素 B 族粉剂。

⑤ 发生本病时，需补充富含维生素 $B_1$ 的饲料，在饲料中添加复合维生素 B 族粉剂（5~10mg/kg 饲料）。对病情严重者，可肌肉注射 3~5mg/ 只，每天 1 次，连用 3~5d。

## （五）典型病理图谱

图 3-112a 和图 3-112b 是病雏鸡患有维生素 $B_1$ 缺乏症的典型病状彩色图片并配有文字说明，可供读者识别和诊断参考。

a                              b

图 3-112　病雏鸡呈现站立不稳、站立时呈观星状

# 二、维生素 $B_2$ 缺乏症

维生素 $B_2$ 又称核黄素，维生素 $B_2$ 缺乏症主要临床表现为幼禽的趾爪向内蜷曲，两腿发生瘫痪为主要特征的营养代谢性疾病。

## （一）病因

1. 饲料补充核黄素不足

如常用的禾谷类饲料中核黄素特别贫乏（每千克不足 2mg），又易被紫外线、碱及重金属破坏。

2. 投放饲料成分比率的不同

饲喂高脂肪、低蛋白饲料时核黄素需要量增加；种鸡比非种用蛋鸡的需要量提高 1 倍；低温时供给量应增加。

3. 消化器官不良的影响

患有胃肠道疾病时影响核黄素转化和吸收。

4. 药物的颉颃作用

如氯丙嗪等影响维生素 $B_2$ 的吸收和利用。

## （二）症状与病理变化

1. 维生素 $B_2$ 缺乏

最为明显的外部症状是卷爪麻痹（握拳样）症状。

2. 育成鸡病至后期

腿劈开而卧，瘫痪。

3. 母鸡的产蛋量下降

蛋白稀薄，蛋的孵化率降低，死胚呈现皮肤结节状绒毛、颈部弯曲、躯体短小、关节变形、水肿、贫血和肾脏变性等病理变化。有时也能孵出雏，但多数带有先天性麻痹症状，体小、浮肿。

4. 病死雏鸡肠壁薄，肠内充满泡沫状内容物

病死成年鸡的坐骨神经和臂神经显著肿大和变软，尤其是坐骨神经的变化更为显著。其直径比正常大 4~5 倍。

## （三）诊断

符合前述维生素 $B_2$ 缺乏症（一）病因第 1 条、第 2 条、第 3 条和第 4 条内容之一，且符合前述维生素 $B_2$ 缺乏症（二）症状与病理变化第 1 条、第 2 条、第 3 条和第 4 条内容之一的，可作出诊断。

## （四）防治

①对足爪已经蜷缩、坐骨神经损伤的病鸡即使用核黄素治疗也无效。

②对雏鸡一开食时就应喂标准配合日粮或在每吨饲料中添加 2~3g 核黄素即可预防本病发生。

③治疗病鸡，可在每千克饲料中加入核黄素 20mg 饲喂，治疗 1~2 周。

## （五）典型病理图谱

图 3-113a 和图 3-113b 以及图 3-114 是病鸡患有维生素 $B_2$ 缺乏症的典型病状的彩色图片，并配有文字说明，可供读者识别和诊断参考。

a               b

图 3-113    病鸡腿劈开而卧，瘫痪

图 3-114    成年鸡因缺乏维生素 $B_2$ 等物质而导致其腿骨弯曲，且直立不起

## 三、维生素 E- 硒缺乏症

维生素 E 是抗不育维生素的总称。硒和维生素 E 缺乏，临床上以渗出性素质、脑软化和白肌病等为特征的一种营养代谢病。

### （一）病因

1. 饲料中缺乏维生素 E

日粮中缺乏含维生素 E 的饲料或饲料保存、加工不当、维生素 E 被破坏，或含硫氨基酸缺乏时，容易发生维生素 E 缺乏症。

2. 禽患病致维生素 E 的利用率降低

球虫病及其他慢性胃、肠道疾病，可使维生素 E 的吸收利用率降低而导致缺乏。

3. 本病在我国的陕西省、甘肃省、山西省、四川省和黑龙江省等缺硒地带发生较多，常呈地方性发生

各种动物均可发病，以幼畜、幼禽为严重。多发生于缺乏青饲料的冬末、春初季节。

## （二）症状

1. 脑软化症

在 7~56 日龄内均可发生，但多发于 15~30 日龄，以运动失调或全身麻痹为特征的神经功能失常。主要表现共济失调，头向后方或下方弯曲或向一侧扭曲，向前冲，两腿呈有节律的痉挛（急促地收缩与放松交替发生），但翅和腿并不完全麻痹。最后衰竭而死。

2. 渗出性素质

多发于 20~60 日龄雏禽，以 20~30 日龄为多，主要表现为伴有毛细血管通透性异常的一种皮下组织水肿。轻者表现胸、腹皮下有黄豆大到蚕豆大的紫蓝色斑点；重者，雏鸡站立时两腿远远分开。可通过皮肤看到皮下积聚的蓝色液体。穿刺皮肤很容易见到一种淡蓝绿色的黏性液体，这是水肿液里含有血液成分所致。有时突然死亡。

3. 白肌病（肌营养不良）

多发于 4 周龄左右的雏禽，当维生素 E 和含硫氨基酸同时缺乏时，可发生肌营养不良。表现全身衰弱，运动失调，无法站立。可造成大批死亡。

## （三）病理变化

患脑软化症的病雏可见小脑柔软和肿胀，脑膜水肿，小脑表面出血，脑回展平，脑内可见一种呈现黄绿色混浊的坏死区。患渗出性素质的病雏，皮下可见有大量淡蓝绿色的黏性液体，心包内也积有大量液体。白肌病病例，可见肌肉（尤其是胸肌）呈现灰白色条纹（肌肉凝固性坏死所致）。对于鸡而言，特别是火鸡维生素 E 和硒的缺乏，可导致肌胃和心肌产生严重的肌肉病变。

## （四）诊断

维生素 E 缺乏症有多种表现形式，单凭临床症状不易识别，必须多剖检几只病鸡，根据其特征性病变可作出诊断。脑软化病与脑脊髓炎的区别：脑脊髓炎的发病年龄常为 2~3 周龄，比脑软化症发病早；脑软化症的病变特征是脑实质发生严重变性，可与脑脊髓炎相区别。

## （五）防治

1. 及时增喂富含维生素 E 和青绿饲料

维生素 E 在新鲜的青绿饲料和青干草中含量较多，籽实的胚芽和植物油等中含量丰富，鸡的日粮中如谷实类及油饼类饲料有一定比例，又有充足的青饲料时，一般不会发生维生素 E 缺乏症。但这种维生素易被碱破坏，因此，多喂些青绿饲料、谷类可预防发生本病。

2. 确保亚硒酸钠的投喂

在低硒地区，还应在饲料中添加亚硒酸钠。

3. 治疗方案

（1）雏禽脑软化症

每只鸡每日喂服维生素 E 5IU，轻症者 1 次见效，连用 3~4d，为一疗程，同时每千克日粮应添加 0.05~0.1mg 的亚硒酸钠。

（2）雏禽渗出性素质病及白肌病

每千克日粮添加维生素 E 20IU 或植物油 5g，亚硒酸钠 0.2mg，蛋氨酸 2~3g，连用 2~3 周。

（3）成年鸡缺乏维生素 E 时

每千克日粮添加维生素 E10~20IU 或植物油 5g 或大麦芽 30~50g，连用 2~4 周，并酌喂青绿饲料。

## （六）典型病理图谱

图 3-115a 和图 3-115b、图 3-116 以及图 3-117 是剖检病鸡患有维生素 E-硒缺乏症的典型病状的彩色图片并配有文字说明，可供读者识别和诊断参考。

a                                              b

图 3-115   病鸡心脏表面布满白色坏死条纹

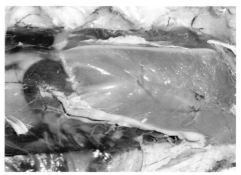

图 3-116   病鸡胸肌表面布满白色坏死条纹        图 3-117   病鸡胸肌呈现鱼肉样外观

## 四、痛风

家禽痛风是体内蛋白质代谢障碍和肾功能障碍所引起的营养代谢性疾病。本病特征是尿酸和尿酸盐大量在内脏器官或关节中沉积。

### （一）病因

① 饲料配合不当，饲料内加入石粉过量，含蛋白过高，缺乏维生素。

② 管理不善，饮水不足，运动不够。

③ 长期或过量投给磺胺类药物等。

## （二）临床症状

① 病鸡精神不振、消瘦、贫血，鸡冠萎缩、苍白，泄殖腔松弛，粪便经常不自主排出，排白色稀粪。

② 关节型痛风，关节肿胀，瘫痪。

## （三）剖检变化

① 心、肝、脾、肠系膜及腹膜等覆盖一层白色尿酸盐，似石灰样白膜。

② 肾肿大，颜色变淡，输尿管变粗，内含用大量白色尿酸盐。

③ 关节内充满白色黏稠液体，严重时关节组织发生溃疡。

## （四）诊断

符合本章前述痛风（一）病因第 1 条、第 2 条和第 3 条内容之一，且符合本章前述痛风（二）第 1 条和第 2 条内容之一，且符合本章前述痛风（三）第 1 条、第 2 条和第 3 条内容之一就可确诊。

## （五）防治措施

本病目前无特效药物治疗，适当减少饲料中蛋白质的含量，特别是动物蛋白质的含量，适当增加饲料中维生素的含量，供给充足的饮水，加喂一些青饲料，可很快停止发病和死亡。

## （六）典型病理图谱

我们通常在诊断家禽患有痛风时，常常由于其特征不显著而不能给予正确的判断，从而造成雏鸡早期病患后遗症。因此，我们通过长期实践并总结和归纳出以下典型病理彩色图谱，并配有文字说明，以便读者进行识别。具体如图 3-118a 和图 3-118b、图 3-119、图 3-120、图 3-121、图 3-122、图 3-123 以及图 3-124 所示。

a                            b

图 3-118　病鸡心脏表面布满白色尿酸盐

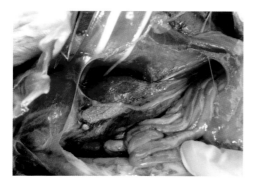
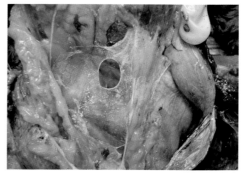

图 3-119　病鸡肝脏表面布满白色尿酸盐　　　图 3-120　病鸡气囊上布满尿酸盐

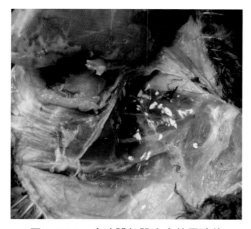

图 3-121　病鸡腿部肌肉中的尿酸盐　　　图 3-122　病鸡肝脏、心脏表面布满尿酸盐

图 3-123 病鸡肝脏表面布满尿酸盐

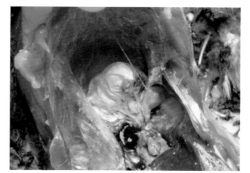

图 3-124 病鸡心脏、肝脏、
气囊表面布满尿酸盐

# 第四节 中毒性疾病

## 一、煤气中毒

煤气中毒是一氧化碳（CO）中毒，多发生于冬春寒冷季节，靠燃煤供暖的禽舍或育雏舍内。由于家禽吸入一氧化碳气体所引起的以血液中形成多量碳氧血红蛋白所造成的全身组织缺氧为主要特征的中毒性疾病。

### （一）病因

禽舍往往有烧煤保温的习惯，由于煤炉漏烟或痛风不良，都能导致一氧化碳不能及时排出，引起中毒。该病常常发生于大风天气。

### （二）症状

中毒鸡群中普遍出现呼吸困难，不安，共济失调，不久即转入呆立或瘫痪，昏睡，死前发生痉挛和惊厥。

### （三）病理变化

剖检可见血管和各脏器内的血液呈鲜红色（樱桃红色），血液稀薄不凝固。

## （四）诊断

根据病史调查，结合临床症状及典型的病理变化可以确诊。

## （五）防治措施

1. 鸡舍和育雏室采用煤火取暖装置

应注意通风条件，以保持通风良好，温度适宜。

2. 一旦出现中毒现象，应迅速开窗通风

把鸡及时转到空气新鲜的鸡舍；有条件的话可以往鸡舍内用氧气瓶供氧。

3. 在饮水中加适量食醋，自由饮用，可缓解中毒

中毒严重的可皮下注射生理盐水或等渗葡萄糖溶液和强心剂，以维持心脏和肝脏的功能。

# 二、磺胺类药物中毒

磺胺类药物中毒是家禽较为常见的一种抗菌药物中毒症，其特征是病禽皮下、肌肉和内脏器官呈现广泛性的溶血、出血和血液凝固不良。

## （一）病因

1. 用药不当

磺胺类药物的使用种类重复，造成重复添加。

2. 操作有误

由于操作不细致导致添加剂量过大，或者搅拌不均匀，用药时间过长。

3. 饮水不足

使用磺胺药以后，没有供给充足的饮水。

## （二）症状

1. 病鸡具有全身出血性变化

病仔鸡表现抑郁、厌食、渴欲增加、腹泻、鸡冠苍白。有的病鸡头部肿大呈蓝紫色，有的则发生痉挛和麻痹等症状。

2. 成年病母鸡产蛋量明显下降

蛋壳变薄且粗糙，棕色蛋壳褪色，或下软蛋。有的出现多发性神经炎。

## （三）病理变化

剖检死鸡，可见皮肤、肌肉和内脏器官出血，皮下有粉红色胶冻样浸润，肾、肝和脾皆肿大，输尿管内充慢白色尿酸盐。

## （四）诊断

根据发病史，结合临床症状和病理变化可以作出初步诊断，确诊可以检测肌肉、肾或肝中磺胺药物含量超过 20mg/kg 时，就可诊断为磺胺药中毒。

## （五）防治措施

1. 防治应以预防为主

选择毒性小的磺胺药，控制好剂量、给药途径和疗程，注意增加并保证供应足够饮水量。

2. 若发生中毒，应立即停药

饮 5％ 葡萄糖水或 0.5％ ~1％ 碳酸氢钠水，并在每千克饲料中添加维生素 K0.5mg 或在日粮中提高 1 倍维生素含量；中毒严重的鸡并可肌注维生素 $B_{12}$ 1~2 μg 或叶酸 50~100 μg。

3. 饲料中添加适量的维生素 C

维生素 C 对于病鸡的康复有促进作用。

ICS 11. 220
B 41
备案号：33959—2012

# DB11

# 北 京 市 地 方 标 准

DB11 ／ T 869—2012

# 兽医病理解剖生物安全控制技术规范

Technique requirement for bio-safety control specification of veterinary
autopsy

2012—05－07 发布　　　　　　　　2012—09—01 实施

# 北 京 市 质 量 技 术 监 督 局　　　发 布

# 前　　言

本标准按照 GB/T 1.1—2009 给出的规则起草。

本标准由北京市农业局提出。

本标准由北京市农业标准化技术委员会归口。

本标准由北京市农业局组织实施。

本标准起草单位：北京市兽医实验诊断所。

本标准主要起草人：靳兴军、王玉田、李志军、韩磊、郑瑞峰、石英男、郭俊林、巴宏宇、于国际、张跃、张弼、罗伏兵。

# 兽医病理解剖生物安全控制技术规范

## 1 范围

本标准规定了兽医开展解剖的生物安全控制技术要求，包括解剖人员和机构的要求，解剖场所的要求，生物安全控制操作的要求，生物安全控制的记录要求、应急处置等内容。

本标准适用于动物尸体解剖活动。

## 2 规范性引用文件

下列文件对于本文件的应用是必不可少的。凡是注日期的引用文件，仅注日期的版本适用于本文件。

凡是不注日期的引用文件，其最新版本(包括所有的修改单)适用于本文件。

GB 16548 病害动物和病害动物产品生物安全处理规程

GB 19489 实验室生物安全通用要求

## 3 术语和定义

下列术语和定义适用于本文件。

### 3.1 病理解剖 autopsy

对动物尸体进行解剖，检查体表和脏器，观察各脏器有无病理改变，利用专用器具对动物尸体切割分离，检查体表、组织、器官有无眼观病变的活动。

### 3.2 生物安全控制 bjo-safety control

避免危险生物因子造成实验室人员感染、向实验室外扩散并导致危害的综合措施。

### 3.3 污染区 contactmination zone

生物安全实验室中被致病因子污染风险最高的区域。

### 3.4 洁净区　non-contaotmination zone

生物安全实验室中正常情况下没有被致病因子污染的区域。

### 3.5 半污染区　semi-contactmination zone

生物安全实验室中被致病因子轻度污染区域，是污染区和洁净区之间的过渡区域。

### 3.6 生物气溶胶　bioaerosol

悬浮于气体介质中粒径一般为 $0.001 \sim 100\ \mu m$ 的固态或液态微小粒子，形成的相对稳定的分散体系，分散相含有生物因子的气溶胶。

### 3.7 无害化处理　safe disposal

用物理、化学或生物学等方法处理带有或疑似带有病原体的动物和动物尸体、动物产品或其他相关物品及场地环境等，达到消灭传染源，切断传播途径，阻止病原扩散的目的。

## 4 病理解剖人员和机构要求

### 4.1 解剖人员要求

从事兽医病理解剖工作的人员应具有病理解剖相关专业知识和操作技能，参加病理解剖工作的相关。

技术人员应接受过生物安全培训。病理解剖前应做好人员分工，以便在解剖过程中各尽其职。一般分为解剖操作者、助手、记录人。对于生物安全控制工作分工如下：

　　——解剖操作者：解剖前应做好生物安全控制的预案，检查需用的解剖器械和防护用品是否备齐，并决定操作的原则及方法，指挥、组织全部过程和完成主要操作步骤，保证病理解剖工作在安全的情况下顺利进行，是生物安全控制的组织者；

　　——助手：协助解剖操作者工作，负责生物安全控制的具体实施；

　　——记录人：负责解剖病变的记录，对检验样品进行登记，对采取的生物安全控制的实施情况进行记录。

## 4.2 机构要求

4.2.1 开展兽医病理解剖工作的机构应有符合兽医实验室建设标准的病理解剖室及相应的辅助用房。

4.2.2 应有相适应的仪器设备，具有解剖操作台、显微镜、照相设备、计量设备、消毒隔离设备、个人防护设备、储存和运送标本的必要设备、尸体保存设施以及符合环保要求的污水、污物处理设施。

4.2.3 应建立病理解剖工作生物安全管理制度和规范的技术操作规程，并运转正常，定期对工作人员进行培训和考核。

4.2.4 应具有解剖室人员感染应急处置预案，并定期进行演练。

## 5 病理解剖场所要求

### 5.1 固定解剖场所

#### 5.1.1 选址

固定解剖场所应在当地常年主导风向的下风侧，不应建在生活用水水源附近、地势低洼之处。应避开人口稠密区、动物饲养密集区。应充分利用现有基础供水排水、供电通讯等公用设施。

#### 5.1.2 建筑结构

固定解剖场所应建在建筑物的底层，应与动物尸体储存场所、焚烧尸体间相邻。应有良好的自然采光和自然通风，人流、物流、空气流合理。通风管道应设置在较为隐蔽处或者墙角处，采用上送下排式排风。

#### 5.1.3 建筑布局

以病理解剖室为核心设计其他功能室，应将人行通道与动物尸体通道分开。

#### 5.1.4 建筑装饰

四周墙壁、顶棚及地面应贴瓷砖或其他新型防水材料，防止渗漏。墙面应平整光滑、无缝隙、无明显凹凸。地面应平整，采用耐磨、防水、防滑、耐腐蚀、易清洗材料。门、窗应密封性好，有锁。

### 5.1.5 固定解剖场所器材配置

固定解剖场所应配置以下器材：

（a）尸体解剖基本器械：解剖刀、手术刀（尖）、骨斧、骨锯、骨锤、骨凿、骨刀、软骨剪、组织切割刀、手术刀（圆）、脑刀、拉钩、磨刀棒、手术剪、肠剪、组织镊、卷尺等；

（b）消毒设备和药品：紫外线消毒灯、空气消毒机、火焰喷灯、喷雾器、洗眼器、消毒药；

（c）病理取材台、器械柜、检材柜、轮式可移动简易记录架；

（d）尸体运输、储存设备：尸体手推车、尸体袋、冷藏库、冰柜、移动式冷藏箱；

（e）个人防护用品：手术服、一次性橡胶手套、棉线手套、口罩、胶靴、鞋套、围裙、套袖、防护眼镜、洗手液、一次性防护服、洗眼液等。

## 5.2 临时解剖场所

### 5.2.1 临时解剖场所的使用条件

怀疑是高致病性禽流感、炭疽、口蹄疫等重大传染性动物疫病的不应在临时解剖场所解剖。遇下列情况时可在临时解剖场所进行病理解剖：

——不携带传染性病原的动物尸体开展剖检时；

——非重大传染性动物疫病的，配备有效防护和灭菌设备，符合消毒要求，具备安全操作条件时。

### 5.2.2 临时解剖场所的选择

5.2.2.1 临时解剖场所的选择应当遵循生物安全的原则，防止病原微生物的扩散。应远离水源、道路；应尽量处在下风口；不宜在人员或饲养动物密集地区建立临时解剖场所。

5.2.2.2 在进行临时解剖场所选择时，应首先选择封闭性较好的房间作为解剖操作间；在没有封闭性较好房间作为解剖操作间时，应选择相对空旷和通风换气充足的空间；如在相对野外空旷环境下开放式解剖，应选择在建筑物较少，通风良好的区域，使环境中的污染成分尽快稀释。

### 5.2.3 临时解剖场所的处理

5.2.3.1 选择封闭性较好的房间作为解剖操作间时，可用胶带、塑料布等材料对房间门窗进行密闭，以减少对周围环境的污染。

5.2.3.2 解剖操作台面应铺盖防水材料，防止液体渗漏。

### 5.2.4 临时性解剖场所器材配置

临时解剖场所应配置以下器材：

（a）尸体解剖基本器械：解剖刀、手术刀（尖）、骨斧、骨锯、骨锤、骨凿、骨刀、软骨剪、组织切割刀、手术刀（圆）、脑刀、拉钩、磨刀棒、手术剪、肠剪、组织镊、卷尺等；

（b）消毒设备和药品：火焰喷灯、喷雾器、消毒药；

（c）尸体运输、储存设备：尸体袋、移动式冷藏箱；

（d）个人防护用品：手术服、一次性橡胶手套、棉线手套、口罩、胶靴、鞋套、围裙、套袖、防护眼镜、洗手液、一次性防护服、洗眼液等。

## 6 病理解剖场所功能区的划分

### 6.1 固定解剖场所的功能区划分

6.1.1 固定病理解剖场所应划分为污染区、半污染区与洁净区，其中污染区为解剖操作间，半污染区为解剖人员、器械等清洗及消毒场所。

6.1.2 应根据现场建筑物布局特点及周围环境，合理划分污染区、半污染区与洁净区，各功能区间应进行隔绝。

6.1.3 应在半污染区外围设立生物安全警示标志，在病理解剖工作完成并实施环境消毒以前，无关人员不应通行与进入。

### 6.2 临时解剖场所功能划分

6.2.1 临时解剖场所外应设置安全线，并设立生物安全警示标志。

6.2.2 安全线以内解剖场所视为污染区，安全线以外视为洁净区。解剖后对安全线内的区域进行彻底消毒。

## 7　生物安全控制操作要求

### 7.1　风险评估

在开展病理解剖前要对疫病进行评估，选择相应的生物安全防护措施，当怀疑是炭疽疫病时或当前的防护条件不能保证人员和环境安全时禁止病理解剖。

### 7.2　制定预案

在病理剖检前应制定相应的生物安全控制预案，分析可能出现的各种风险因素，制定出相应的应对措施。

### 7.3　解剖前准备

#### 7.3.1　人员防护

人员防护用品在洁净区保存，病理解剖人员在洁净区更换消毒过的解剖服、一次性解剖防护服、面罩、口罩、靴子及手套等人员防护用品，经人员互查确认安全后方可进入半污染区。

##### 7.3.1.1　身躯防护

开展病理解剖应穿着专用的与人员型号相符的解剖服装（包括重复使用的解剖服和一次性使用的防护服），必要时并使用塑料或皮革等围裙、套袖进行防护。服装应保持清洁，不用时，应将清洁防护服置于专用存放处。

##### 7.3.1.2　面部防护

在处理危险材料时应使用安全眼镜、面部防护罩或其他的眼部、面部保护装置。防止液体、骨肉等物质飞溅到面部。

##### 7.3.1.3　手部防护

开展病理解剖工作应戴医用橡胶手套进行防护，所戴手套应无漏损，戴好手套后应完全遮住手及腕部，如必要可覆盖解剖防护服的袖子，防止被病原感染危险。

当可能发生刺伤、划伤、抓咬等物理性伤害时，应加戴棉线手套，对所涉及的危险提供足够的防护。

应对病理解剖工作人员进行手套选择及使用的培训。

### 7.3.1.4 脚部防护

应穿鞋底防滑的胶靴或一次性防水鞋套，不应将脚部暴露。

### 7.3.1.5 呼吸系统防护

应佩戴口罩，当怀疑存在呼吸系统感染风险时，应佩戴相应的呼吸防护装备。

### 7.3.2 物品准备

在半污染区准备好个人清洗和消毒所用器具及消毒液，并整理清点解剖所用物品。

## 7.4 解剖过程中生物安全控制

7.4.1 解剖过程中，人身防护物品在撕破、损坏或怀疑内部受污染时应及时更换。

7.4.2 病理解剖过程中，辅助人员随时用消毒液喷洒地面与墙面，以保持污染区环境中消毒液的浓度。

7.4.3 解剖过程中使用的冲洗用水，应添加相应的消毒药品。

7.4.4 动物尸体的血液、体腔积液等液体废弃物需用脱脂棉吸干，不应直接排入下水道。

7.4.5 进行容易产生生物气溶胶的操作时，应在适当的负压、下排风条件下或生物安全柜中操作，同时应使用适当的个人防护装备和其他物理防护设备。在临时性解剖场所人员应该在上风口进行操作。

## 7.5 解剖后生物安全控制

7.5.1 病理解剖完毕后，在解剖操作间内对解剖服、面罩、眼罩等人员防护用品进行初次消毒处理。

7.5.2 在半污染区采用洗刷与喷淋结合的方式对衣物、面罩及手套等表面进行彻底消毒。脱掉解剖服、手套、面罩、口罩和鞋等后，浸泡在预先准备好的消毒桶中。需要反复使用的解剖器械需要在半污染区内用2%的戊二醛浸泡10小时以上，再用清水漂洗3遍，擦拭干净后装箱运走，放入洁净区保存。重复性使用的人员防护物品经消毒清洗后放入洁净区保存。一次性使用物品经消毒处理后，按医疗废物管理相关规定处理。

7.5.3 解剖中必须使用的不可用浸泡消毒的物品，如：解剖记录本、笔等可以使用照射、熏蒸消毒的方法消毒。

7.5.4 所有操作人员在完成病理解剖工作后都应进行彻底的淋浴消毒。

7.5.5 固定解剖场所病理解剖完成后，对解剖场所采用消毒药喷洒、冲洗、浸泡的方式进行环境彻底消毒，解剖台、地面等操作区域需重点消毒。

7.5.6 解剖场所应定期进行消毒，可以使用紫外线消毒灯或消毒药熏蒸对污染区、半污染区、洁净区消毒。

7.5.7 在建筑内做为临时解剖场所的按照 7.5.5 执行，对于在野外空旷场所进行解剖的，安全线以内污染区的地面采用喷洒消毒药或撒石灰的方法进行消毒后，用土覆盖。

7.5.8 解剖过程中使用的冲洗用水，浸泡解剖服、面罩、解剖器械等用的消毒液，应进行无害化处理。

7.5.9 动物尸体的储存，应使用防渗透、密封的尸体袋封存保存。开展兽医病理解剖工作应有专门的动物尸体、组织储存冰箱或冷库，并及时清理，采用熏蒸方法对冷库进行消毒。

7.5.10 动物尸体运输应采用封闭的专用车辆运输，运送具有严重危害的物品时，应由专业人员运送，并且制定相应预案。运输过程应保证安全，不应发生被盗、被抢、丢失、泄漏等事件。动物尸体的运输按 GB 19489 规定执行。

7.5.11 病理解剖废弃物(破碎组织、纱布、脱脂棉、记录纸笔等)应装入专用的医疗垃圾袋，密封消毒后集中焚烧。

7.5.12 解剖后的尸体、组织不能随意处理，处理方法按 GB 16548 规定执行。

## 8 病理解剖生物安全控制记录

8.1 应对解剖室、解剖器具等的使用情况；人员进出情况；动物尸体、检测样品、废水等废弃物处理情况进行详细记录。

8.2 生物安全控制记录应符合以下要求：

（a）书写规范，字迹清晰；

（b）签名应由本人签，不可代签；

（c）记录不得随意删除、修改或增减数据。如必须修改，须在修改处划一斜线，不可完全涂黑，保证修改前记录能够辨认，并应由修改人员签字，注明修改时间及原因。

## 9  应急处置

### 9.1  发现重大动物疫病的处置

#### 9.1.1  疫情报告

发现重大动物疫病时，工作人员应当立即采取控制措施，防止高致病性病原微生物扩散，并同时向负责感染控制工作的人员和机构报告。

#### 9.1.2  人员隔离观察

当人员接触危害较大的人畜（禽）共患病后，根据疫病的特点和相应的隔离制度，对人员进行隔离观察。

### 9.2  人员感染后的应急处置

开展病理解剖接触相关病原后，人员出现有关的感染临床症状或者体征时，应向负责感染控制工作的人员和机构报告，同时派专人陪同及时就诊；应将近期所接触的病原微生物的种类和危险程度如实告知诊治医疗机构。

### 9.3  染疫病料、器械丢失的应急处置

当染疫的动物尸体、组织、剖检废弃物、器械等物品发生丢失时，应及时通知单位生物安全控制负责人，及时上报兽医主管部门和公安部门，及时寻找染疫的病料和器械等物品并进行处理。

# 参考文献

[1]  蔡宝祥.家畜传染病学（第四版）.北京：中国农业出版社，2006.

[2]  李培峰.新编兽医用药指南.呼和浩特：内蒙古人民出版社，1993.

[3]  秦长川，孙展和.禽病预防与免疫技术问答.北京：中国农业大学出版社，2003.

[4]  甘孟侯.中国家禽疾病学.北京：中国农业出版社，2003.

[5]  马兴树，阎志民.疾病诊断与治疗.北京：农业出版社，1995.

[6]  孔繁瑶.家畜寄生虫病学（第二版）.北京：中国农业大学出版社，1997.

[7]  高迎春.动物科学用药.北京：中国农业出版社，2002.